U0066762

文經家庭文庫 173

酵素決定你的健康

江晃榮 著

COSMAX
PUBLISHING Co.
Since 1981

文經社
Taiwan

【序】
你體內的酵素夠嗎？

　　酵素存在於所有「生物」（動、植物及微生物）細胞內，就像是撮合男女結婚的媒人般，扮演各種細胞中化學反應的催化劑角色，唯有酵素努力的穿針引線，才能使生物體內維持生命的新陳代謝順利進行。以人體為例，有成千上萬個酵素在拚命工作，一天二十四小時之中不停地消化、分解、吸收、抗炎、抑菌、排毒……，人才能依照正常的生理機能健康生活，因為酵素已經肩負起全身上下所有功能的運作重擔。

　　現在人們三餐吃下的盡是加工、精製、高溫消毒、烘焙、燒烤、烹煮或是油炸的食物，這些食品的酵素已遭破壞，無法幫助消化，若還要體內釋出酵素支援，長久以往酵素大量消耗，人當然容易變老，接下來身體衰弱的連鎖反應，不言可喻。

　　人體缺乏酵素時，容易引發新陳代謝障礙、便祕、脹氣，進而影響循環系統，使內分泌失調，產生高血壓、腎臟病、糖尿病、痛風、腫瘤等疾病，原因即是所攝取的食物未完全消化，反而在消化道內異常發酵，產生毒素，再被血液

吸收，存放在關節及其他組織中，日復一日，疑難雜症自然搶著出籠。

體內酵素量的多寡與健康成正比，卻與年齡成反比；除了年紀的增長，會因器官退化減少分泌酵素外，環境污染與飲食不良習慣，更容易影響酵素的生合成，以致人體很容易缺乏酵素，男女老幼均相同，甚且年紀愈大愈明顯。所以，每天都要從日常飲食中補充酵素，但高溫烹煮的食物會喪失酵素，因此多多生食蔬果才能確實有效的攝取生活中不可或缺的超級營養素——酵素。

或許有人覺得大量生食蔬果很麻煩。沒關係，本書教你利用蔬果自製酵素，釀造自己專屬的健康飲品。另外，拜今日科技之賜，酵素也可以生物技術方法完成產品的製造。一般人所熟知的保健良品納豆激酶及紅麴等相關產物，即是由於含有酵素，可強力發揮作用的緣故。可見酵素自古以來就是養生之寶，而現代人每每受限於太多資訊與科技產物的干擾，反而忽略了先人的智慧結晶。要預防現代文明病，是不能沒有酵素的，甚至於減肥、瘦身都要靠酵素幫忙呢！

江晃榮 （晃堯）於台北

C目次NTENTS

第 **4** 章　自製酵素　　　　　　　　　　**91**

第 5 章 使用者見證　　131

第 **6** 章 常見酵素問題　　151

第 1 章

人體不能沒有酵素

食物要經過酵素的消化分解，
才能轉變成能量提供所需，
這就是我們生命活力的來源。

生命的存在，完全依賴酵素作用

　　酵素（Enzyme）又稱為「酶」，也是細胞各類酶之統稱。它存在著生命能（或者稱為生命力、生命原理），如果沒有這些生命能，人類充其量不過是一堆化學物質的聚合體而已。因此，酵素越缺乏，人類就越易老化；也就是說，沒有酵素，就沒有生命。也可以這麼說，酵素量與健康是成正比的。所以，不僅是人類，其他生物體皆然，生命的存在，完全依賴酵素作用。

　　在人體中，有不同類型無數的酵素，負責體內各種化學變化，而且在一天二十四小時之間不停的運轉，如食物的消化吸收、手腳的肌肉動作、頭腦的思考判斷等等。因此，需要由每天所攝取的營養素——包括蛋白質、脂肪及碳水化合物（醣類）等來提供這些規律的運作，這就是我們生命活力的來源。這些營養素依照原來的形態是無法被人體所吸收的，因此，必須經過消化的過程，在這階段裡，酵素會發揮很大的功能，因為它將擔綱消化分解的重責大任。

食物從口腔經食道、胃、十二指腸、小腸到大腸，受到三大類酵素——分解蛋白質的酵素、分解碳水化合物的酵素、分解脂肪的酵素——的作用，可以在短時間內被輕易分解成微小的粒子，為人體吸收，轉化成能量送到各個組織器官中。體內若缺乏酵素則吃下的食物會難以消化，無法產生能量，自然而然各種「營造工程」停頓，時間一久，健康每下愈況，人也就愈來愈衰老。

不同類型無數的酵素，負責體內各種化學變化。

◎在體內產生作用的主要消化酵素群

身體部位	消化營養素	酵素名稱
口腔	碳水化合物	澱粉液化酶、糖化酶
胃	蛋白質	胃蛋白酶
胃	碳水化合物	澱粉酶、蔗糖酶、胰蛋白酶、胰凝乳蛋白酶等
小腸	蛋白質	胰蛋白酶、胰凝乳蛋白酶、胜肽酶等
小腸	脂肪	脂肪酶

※依身體部位與消化營養素的不同，使用的酵素也各有不同。

　　人體是一家最精密的化學工廠，不計其數的各種化學變化，在各器官中日以繼夜的默默進行著，當然最重要的是要靠成千上萬的酵素部隊，各司其職充分配合運作，才能順利進行。但是在這些複雜的變化過程中，部分酵素是會耗損的，除了由人體自己製造補充外，大部分的酵素還是要靠日常飲食中不斷的攝取，才能使體內酵素維持平衡狀態。

　　如果酵素不足，便會引發部分器官的新陳代謝障礙，各種嚴重的症狀就會陸續出現，生命也就亮起了紅燈。所以今日想要保持健康的身體，更重要的觀念已不再是用什麼藥治什麼病，而是要尋求用什麼方法使得體內整個新陳代謝作用正常運行，讓各種疾病消失於無形，無從發生，這個方法除了隨時補充酵素外，別無選擇。

　　人體發燒時的尿液和運動流的汗裡含有各種酵素，同時在糞便等身體排出的老舊廢物中，也都發現酵素。每天

忙著補充維生素和礦物質，卻忽略了多多生食蔬果或服用酵素補充劑，久而久之，酵素就會長期缺乏，人體將自行從其他器官釋出酵素來使用，結果是導致酵素耗盡、早衰及能量不足。

維生素、礦物質的吸收需要酵素的幫忙，酵素的活躍也要仰賴維生素、礦物質的助力（缺乏礦物質，維生素則不易被人體吸收，酵素亦失去活性，反之亦然，三者息息相關），臨床研究早已發現服用維生素加酵素的膠囊後，人體所需維生素及礦物質的量就減少了。

生食蔬果可獲取大量酵素。

酵素在生活中隨處可見

酵素廣泛出現在日常生活中，只是很多人沒有察覺而已，以下舉幾個例子，讓大家更能認識酵素：

1.肝功能的指標酵素：GOT與GPT

很多人都到過醫院檢查肝功能，而肝功能指標就是GOT與GPT。GOT（glutamic oxaloacetic transaminase）及GPT（glutamic pyruvic transaminase）是人體內各種臟器（如：肝臟、心臟、肌肉……）細胞內的重要酵素，用來參與體內重量級胺基酸的合成。正常情況下，這兩種酵素在血清內維持穩定的低量，其正常值的高低依各個實驗室的標準而略有不同，但一般說來都在40單位（U）／公升以下。當這些臟器的細胞發炎時，由於細胞通透性改變，或者細胞本身被破壞，就會使血清中的GOT、GPT增加。

GOT、GPT是肝細胞裡面最多的酵素，如果肝臟發炎，或者是不明原因的細胞壞死，GOT、GPT就會跑出來，導致血液裡面的GOT、GPT數值升高；但是，GOT、GPT指數不高，卻不代表病人沒有肝硬化或肝癌。因為形

成肝硬化的時候，就算大部分肝炎患者發炎情形都已經停止了，可是纖維化、硬化卻早已存在；一旦變成肝硬化，病人就很容易轉成肝癌。

另外，肝癌在早期，肝指數也不會高，因為癌細胞在生長的時候，只有在癌周圍被壓迫侵犯的肝細胞才會壞死，因此，GOT、GPT仍可能是正常的，即使會升高，也不會太高；但是，很多人缺乏這樣的認知，導致發現肝癌為時已晚，造成不幸悲劇。所以，GOT及GPT檢驗數值只能做為參考，並非絕對的指標。

2.喝牛乳會腹瀉是體內缺乏分解乳糖的酵素

有些人喝牛乳後拉肚子，這種人的體質為乳糖不耐症（Lactose Intolerance）。牛乳中含有乳糖（lactose），而人的

喝牛乳會拉肚子是體內缺乏分解乳糖的酵素。

消化道中含有分解乳糖的酵素——乳糖酶（lactase），乳糖經乳糖酶的作用，水解為葡萄糖和半乳糖後被吸收。當乳糖酶因先天性、原發性、或續發性等原因（例如年齡增加酵素量會減少，而且依人種及個人體質差異酵素量也不一）而致活性降低或缺乏時，乳糖無法被消化而產生滲透壓的影響效應，使消化道中液體負載增加，加速腸管蠕動，導致腹瀉。乳糖在腸道中也可能被細菌發酵產生乳酸和二氧化碳，致使腸壁擴張與加速蠕動，而二氧化碳等氣體則會導致腹脹、腹痛或放屁等現象。這些因乳糖不能被消化吸收所導致的種種影響，稱為乳糖不耐症。所以目前市面上有些廠商先以生物技術方法，用酵素將大部分乳糖分解，推出「低乳糖鮮乳」產品，可避免喝牛乳拉肚子。

3.紅麴有益健康是酵素的功勞

紅糟肉的紅糟是用一種稱之為紅麴菌（*Monascus anka*）的黴菌所製造的。紅麴菌曾被用來釀造紅露酒，過去有些人每天飲用紅露酒，壽命都很長，後來經過科學探討才知道紅露酒與酵素的關係。

紅麴菌會分泌一種酵素抑制劑物質，叫做「monacolin K」。這種物質可以讓生合成膽固醇的酵素中一種HMG-COA還原酶失去功能，也就是膽固醇生成量會大為減低，當然可以減少心血管疾病。傳統上，國人認為紅麴可以補血，其原因就是與酵素有關。

4.含酵素的清潔用品效果加倍

　　常聽到洗衣粉、清潔劑、牙膏等衛浴清潔用品中添加酵素，最主要的原因是藉由酵素強而有力的分解能力，去除衣物、牆壁、地板或口腔中的附著物、污垢、殘渣等。

　　1980年開始，酵素大量使用於工業上，當時係將真菌細胞抽出液加入發酵醪中，藉以使澱粉加速分解成糖。目前大規模生產之四種酵素為：蛋白質分解酵素（protease）、澱粉糖化酵素（glucoamylase）、α—澱粉液化酵素（α-amylase）及葡萄糖異構酵素（glucose isomerase），澱粉相關酵素多用在食品加工，如釀酒，製造糖果、巧克力或米果等，葡萄糖相關酵素則用來生產果糖糖漿。蛋白質分解酵素實際上包含了幾種作用於多胜鍵而使蛋白質分解的酶，可用在肉品加工（牛排先以蛋白酶浸泡則咬感較佳），也可用在吃太多肉時防消化不良助消化用。工業上用量最多的蛋白質分解酵素主要是用在清潔洗滌劑之洗淨助劑。市場上出現添加有酵素的清潔劑始自1967～1968年左右，隨即在英國因為添加粉狀酵素工程的操作員受蛋白酶的影響，出現了呼吸困難的疾病，因此暫時停止生產。1970年代後，有了不具飄塵性酵素製劑出現，這是利用造粒及表面包覆技術的產品，添加這類酵素製劑的清潔劑便成為目前清潔劑的主流了。

　　用在清潔劑的蛋白酶必須具有下列性質：

1. 在鹼性溶液中安定，反應性高，沒有病原微生物污染。

2. 由於造成污垢的蛋白質有來自人體，也有食品的成分，因此基質專一性範圍較廣的酵素較為有利。

3. 攝氏50度以上的溫度下仍保持安定。

此外，澱粉酶及脂肪酶等酵素的共同作用可以發揮潔淨效果。而最近更添加纖維素酶，使得與纖維的纖維素相結合的污垢能夠分離去除。

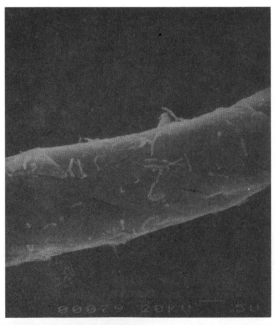

吸附在纖維素上的細菌可分泌酵素分解纖維素（電子顯微鏡照片）

有些牙膏中也含有多種酵素，因吃完東西後嘴巴中什麼成分都有，用添加酵素的牙膏來協助清除口中食物殘留，既乾淨又清爽。

5.螢火蟲發光的祕密在酵素

夏夜的螢火蟲，一閃一滅的光是令人遐想的，使人深深感到生命的神祕。若以科學的角度來解釋，或許就完全沒有神祕感；因為螢火蟲的光可以說是細胞中物質產生了化學變化的結果。螢火蟲尾部發光是因其體內酵素（我們稱為螢光素），和ATP（Adenosine Triphosphate；細胞的能量來源，我們吃進去的食物最後會成為ＡＴＰ貯存在體內，提供運動、走路等所需能量以及維持體溫）共同作用發出光來的。分離這種擁有螢光素的遺傳，再植入其他生物，這新的生物因得到螢光素的遺傳基因亦具有發光能力。未來這項技術可以移轉發展在醫療用途上，例如帶有發光基因的物質若又具有與癌細胞結合的能力，那麼有癌的部位便會發光，可用在癌症初期診斷上，偵測何處有癌細胞……。

身體愈虛弱者體內愈缺乏酵素

　　我們都曾有這樣的經驗，到醫院急診或住院時，第一項動作就是打點滴，點滴液主成分是葡萄糖，這是以澱粉為原料，利用酵素分解所製成的生物技術產品，正常健康者可利用體內的酵素將澱粉類食物分解成葡萄糖再生成能源，供身體利用，但由於生病的人體內酵素量不足，無法自行分解澱粉，缺乏葡萄糖的話身體就沒動力來源，所以必須以葡萄糖點滴來補充體力。

　　由此可知，身體愈虛弱者體內愈缺乏酵素，而缺乏酵素的人很多都是身體虛弱者，兩者互為因果，成為惡性循環，所以唯有補充酵素才能脫離此種循環改善身體健康。

　　在某些情況下，先天缺乏某種酵素會導致疾病的發生，在醫學臨床上已有許多這種病例。

酵素缺乏症（蠶豆症）

　　到醫院看病時有些醫師會詢問吃蠶豆會不會過敏，這是一種遺傳性疾病，由於很普遍，而且與缺乏酵素有關，

所以稱之為酵素缺乏症，也就是葡萄糖—6—磷酸去氫酶缺乏症（G6PD deficiency），俗稱蠶豆症，此酵素之基因位於X染色體上，為一性聯遺傳的疾病。統計顯示，台灣每100名新生兒中，就有3人具有蠶豆症體質，其中男性比女性多。此類病人在接觸某些藥物或感染時，易引起溶血、黑尿、鞏膜黃疸等現象。但患者之臨床表現（含預後）非常不一致，國內外專家學者都一致認定此種缺乏症其臨床表現與導致此病之分子缺損不一樣有關。

是否患有蠶豆症，可直接檢驗紅血球的葡萄糖—6—磷酸去氫酶的活性得知，但此檢驗並不能檢查出婦女是否為隱性帶基因者，只有做過基因型檢查或有生過蠶豆症小孩的才會知道自己為隱性帶基因者。蠶豆症患者或婦女若確定自己是帶基因者，在懷孕時應該避免接觸溶血性的物質，如抗瘧疾藥物、抗感染藥物中的磺胺劑、某些解熱鎮

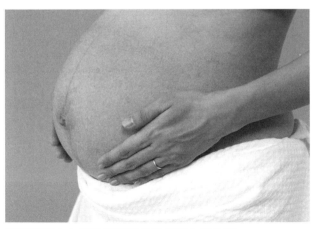

蠶豆症婦女在懷孕時要避免接觸溶血性物質。

痛劑如著名的阿斯匹靈類、某些過去用於控制尿道感染之藥物，一些化學品如樟腦丸（臭丸）、龍膽紫（紫藥水）及甲基藍也會造成溶血，因其所懷的男性胎兒會有一半的機會為蠶豆症體質。

缺乏溶解血栓酵素容易罹患心血管疾病

血管被凝固血液堵塞，就產生血栓。所謂「血栓」，乃是由血液中過剩的血纖維原（Fibrinogen，一種蛋白質）以及使血小板與血液凝固的酵素所形成。健康的人體內也會製造這種血栓，它具有修復受傷血管以及止血的功能。

不過，一旦製造血栓與溶解血栓的平衡性崩潰，也就是體內分解血栓酵素合成量減少時，就會有多餘的血栓出現，並且引起種種的問題。

如果血栓現象發生於心臟冠狀動脈，將引起心肌梗塞；假如發生於腦動脈，將引起腦梗塞，可以說非常的危險。又如腦內的微細血管被堵住的話，將導致老人性痴呆。根據最新的研究發現，引起眼底出血的視網膜中心靜脈閉塞症或痔瘡等原因也在於血栓。以上總稱為血栓性疾病。

分解血管栓塞主因的血栓，臨床上常用的是一種酵素，叫尿激酶（urokinase），或稱尿激素，從人尿中抽取出醣蛋白質即可得。此物原本為泌尿道的上皮組織細胞，剝

落後即隨尿液排出體外，所以有所謂「喝尿健康法」；經常喝尿的人，即可以自然再吸收這些浪費掉的上皮組織細胞，而改善各種血栓所造成的疾病，如腦血管栓塞、血栓靜脈炎、心肌梗塞、肺栓塞，或急性腦栓塞、視網膜中央靜脈血栓等症。

由於尿激酶有良好的溶解血管栓塞作用，因此冠心症病人發生心肌梗塞時，緊急使用尿激酶製劑可以有效溶解栓塞，促進心肌微小血管之血液循環，使心肌迅速獲得新鮮血液供應，進而改善和縮小心肌梗塞的範圍，至少可避免立即死亡。所以，急性心肌梗塞發作，臨時又找不到合適的醫院或治療藥物時，趕快給他喝一杯尿可以救急。唯一美中不足的是，尿激酶的含量不多，通常100毫升正常尿液中，大約只能提煉100毫克。

1970年代時筆者曾致力尿激酶的研發工作，並順利商品化，也因為此項發明，在1981年獲得教育部科技發明獎章。可惜由於文明與科技的進步，目前由遺傳工程及組織培養技術所生產的組織胞漿素原活化劑（tissue plasminogen activator; TPA）已取代尿激酶了。

近年來所流行的納豆健康法，是基於納豆食品中含有納豆激酶（Nattokinase）也具溶解血栓功能之故。

人體的酵素常常不足

生物細胞只要基因功能、活性仍正常就有一些酵素是隨時存在的,稱之為構成性酵素(constitutive enzyme),例如掌管人體消化功能的所有酵素均是。

但有些細胞內酵素的生成必須從外部施加某特定物質(inducer,或稱誘導物質),在增加酵素生產量時,此種酵素稱為誘導性酵素(inducible enzyme),這現象稱為酵素生合成的誘導(induction);此種誘導現象早在19世紀末發現,是細菌為適應某環境而生產的酵素,又稱適應性酵素(adaptive enzyme)。

隨著年齡增加,身體各處器官機能會隨之逐漸失去功能,基因生成酵素量與種類會減少,如生成毛髮黑色素的酵素量減少的話,就會長出白頭髮,這是老化的開始。另一種觀點是認為由於體內酵素的缺乏才使得老化現象產生,而酵素的不足起因於外在環境,大致上有三個原因:

1.環境污染破壞酵素的合成

如農藥、水質、藥物、空氣、噪音等污染破壞了酵素合成與作用。

◎各類污染對環境的影響

威脅	來源	對健康和生態體系的傷害
農藥	農地、後院、高爾夫球場的逕流水滲入；掩埋場的滲漏	有機氯會對野生動物的生殖和內分泌造成傷害；有機磷和carbamates會傷害神經系統及致癌。
硝酸鹽	肥料的逕流；畜牧草地；污染處理體系	減少氧進入腦部，嬰兒可能致死（藍嬰兒症候群）；與消化道癌相關；造成水藻類增生和優氧化。
石油化學物質	地下儲油槽	苯類和其他一些化學物質可能致癌。
氯化有機溶劑	金屬和塑膠的去脂過程；纖維清洗、電子和航空工業	與生殖傷害及一些癌症有關。
砷	自然存在；過度抽取地下水和來自肥料的磷而增加溶出量	神經系統和肝臟的傷害；皮膚癌。
其他重金屬	開礦和金屬廢料；有害廢棄物的垃圾場	造成神經系統和腎臟的傷害；新陳代謝的錯亂。
氟化物	自然存在	牙齒問題；造成脊椎和骨骼的傷害。
鹽類	海水入侵	含鹽淡水無法飲用或灌溉。

2.不良飲食習慣導致酵素不足

　　人體中酵素消耗量與飲食習慣有很大關係，其中一項原因是蛋白質攝取過量，例如常去吃到飽的餐廳大吃大喝，過量蛋白質會消耗大量酵素，造成身體很大的負擔。另外，高鹽、高糖食物也都會讓體內酵素加速耗損，以代謝多餘的鹽、糖等物質。

　　西方速食中的漢堡、炸雞塊、薯條等，一般人稱之為垃圾食品，其實主要是這些東西能量很低，幾乎完全不含酵素，吃進人體後，只會消耗體內既存酵素，並且沒有任何助益，所以長期吃速食將導致酵素缺乏，引發各種疾病。

3.加工及蒸煮過的食物會喪失酵素

　　自從150萬年前，人類懂得用火後，便逐漸遠離自然生食。而現今人類所食用的食物，都是經過加工、精緻化、高溫消毒、烘焙、燒烤、燉煮或者是油炸的速食，大部分是無酵素食品，因為酵素最怕高溫，如果溫度超過攝氏50度以上，則絕大多數的酵素將被破壞，所以這些食物幾已不含任何酵素。

　　食物中缺乏酵素，容易使消化器官工作過度，因為原本存在於食物內的酵素有能力負擔高達75％的消化任務，但若酵素遭破壞，責任便完全落在消化器官身上，消化食物時所需的大量能量，便有賴於人體內其他器官的協助，

◎人體酵素不足的原因

1.環境污染破壞酵素的合成

2.不良飲食習慣導致酵素不足

3.加工及蒸煮過的食物會喪失酵素

許多人常在吃了一頓大餐後，覺得想睡或有倦怠感，就是這個原因。當人體優先將體內酵素用於消化器官時，會從免疫系統中釋出酵素支援，而忽略了維護健康的重要任務。所以這種人體必須再自行分泌更多的酵素來應急的作為，便造成了潛在酵素量的減少，無異是在縮短自己的生命。

然而，不僅是上述食品，還包括食品添加物、藥物等，因此，避免潛在酵素的消耗，即是為自己打造健康之道。

人體內的酵素貯存量和能量成正比。當體內酵素作用衰弱或減少，就會有各種症狀出現，要治療這些症狀，首先是要正常的飲食習慣，還有健康的生活空間。但目前人類生存環境，能否享受健康生活則大有問題，因為「污染」就直接或間接的影響酵素的功能。其次是從體外直接輸入與體內相同的酵素。如果每個人攝取較多的「體外酵素」，人體內的酵素將不會快速用盡，也會比較平均分布於各處，這點非常重要。

通常年紀越大、患病的人以及運動量多的人酵素需求量越大，但這個問題因人而異，沒有一定的答案；總結來說，酵素庫存量隨年齡增加而遞減，因此，盡所能地維持補充體內酵素，便能延年益壽。

當罹患急性病或慢性病，酵素比健康時更快被消耗，

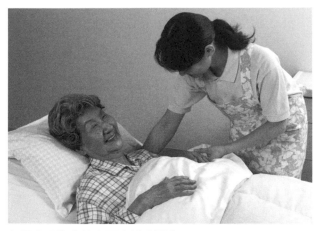

年紀大又生病的人更應補充酵素。

想儘速復原，食用補充酵素，一定有效。多補充酵素，對低血糖症、內分泌不足、過度肥胖、厭食症及容易緊張等症狀，都有效果。至於運動員常常大量攝取維生素、礦物質和濃縮食品，那如何讓身體吸收利用呢？答案仍是酵素。運動員應該注意酵素的補充，因為體溫上升或運動時，酵素用量比平常多，碳水化合物也燃燒得比較快，需要更多的養分補給。

　　人類雖然重視均衡營養，但只解決了一半的問題，一般人最在意的是，養分有否全部讓身體吸收並充分利用，「利用」是關鍵所在。因為食物常缺乏酵素，而酵素對食物消化和養分的吸收都很重要，這也是維生素為什麼被稱為酵素輔助物的原因，因為這些輔酶一定要和酵素結合，人體才可以運用。

一天一蘋果，醫生遠離我。

　　沒有酵素，人體無法運作；沒有酵素，人不能順利吸收營養並消化蛋白質，導致脹氣、疲累、僵硬和動脈硬化；而未消化的脂肪會讓血液濃稠，無法完全利用氧及膽固醇。酵素不足的壞處說也說不完，但肯定是均衡營養中失落的一環。

第 **2** 章

神奇的酵素

酵素存在於人體60兆個細胞裡，
所有組織器官的物理化學變化，
都需要它參與作用，
就像燈泡通了電才能發亮一般。

酵素是體內化學反應的觸媒

　　酵素是一種蛋白質，由細胞的原生質所產生，存在於所有動、植物及微生物的細胞內，所扮演的角色就相當於化學反應中的催化劑（catalyst），亦即所謂的「生物觸媒」（biocatalyst）。

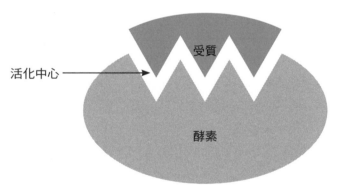

受質

活化中心 ⟶

酵素

酵素是體內化學反應的催化劑，與受質結合後迅速活化。

　　在現代男女自由戀愛之前的時代，男大當婚女大當嫁必須靠媒人撮合，婚姻才會有結果；另外，大家或許也都有自行製作過麵包、饅頭或優格的經驗，利用麵粉或牛乳等原料製作時，必須加入酵母粉或乳酸菌當媒介才能成功

得到好吃的麵包、饅頭或優格，無論是媒人或酵母或乳酸菌都是扮演觸媒角色。

　　酵素在電子顯微鏡下是呈現無色透明、多角形的水晶體，是極其細微的物質，其大小約為一公釐的一億分之五左右。人體內60兆個細胞裡，每一個細胞都有成千上萬的酵素分子在交互作用著，所有組織器官的活動都需要酵素；它們是生物體調控反應的工具，也是維持生理功能之重要成分，例如促進新陳代謝的進行、支配生長與細胞的分裂、調節荷爾蒙的分泌等。因此，如果說人體像燈泡，那麼酵素就像電流，也唯有通電之後的燈泡才會發亮。

酵母是麵團發酵的催化劑。

酵素是有智慧的蛋白質

　　酵素既然是一種蛋白質，當然具有蛋白質的所有特性，包括智慧型的表現，也就是觸媒功能，如上述媒人般，有能力使男女結婚成眷屬，但這需要靠智慧與充滿活力的生命才行，而一般蛋白質則無此功能。酵素與其他無機觸媒相較，還有許多明顯優點，一般化學工業所用的觸媒必須在高溫高壓下進行，所以很危險，化學工廠屢傳爆炸意外就是此一原因；而酵素作為觸媒作用則是在常溫常壓如人的體溫下就可進行反應，也就是反應條件很溫和，沒有危險性。

雞蛋是優良的蛋白質來源之一。

要了解酵素之前必須先探討蛋白質，因為許多基本特性都相同。蛋白質的成分除了氮之外還有其他元素，如碳、氫、氧、硫、磷及銅等。細胞中的原生質、粒線體等胞器（細胞中小器官）和細胞膜等，以及身體中的酵素、部分激素、抗體和體表的肌肉、血液、皮膚、頭髮、指甲與內臟均由蛋白質構成，所以蛋白質不僅是組建生物體的主要原料，維持健康和活力的重要化合物，一切組織發育所必需，同時亦是調節生理機能的關鍵物質。此外，還和醣類或核酸結合，形成醣蛋白與核酸蛋白，進行某些重要生理反應。

蛋白質也可當成熱量來源，1公克蛋白質可提供4大卡熱量。但是飲食中有足夠脂肪和碳水化合物時，蛋白質不會成為熱量來源，多餘蛋白質會在肝臟轉化為脂肪，貯存在組織裡。

在消化過程中，蛋白質的大分子被分解成較簡單的胺基酸。胺基酸是構成蛋白質的基本單位，也是蛋白質消化過程的最終產品，以及合成體內蛋白質和組織的原料。

蛋白質裡的胺基酸依照一定的比例及型式排列而成，其官能基有兩個，一為羧基，一為胺基。在合成為蛋白質時，一個胺基酸的羧基與另一個胺基酸的胺基互相結合，形成胜鍵。僅由兩個胺基酸組成的為雙胜類（dipeptide），由很多個胺基酸組成者為多胜類（polypeptide）。蛋白質分

子量大小差異很大，較小的由幾十個胺基酸構成，較大的由數百甚至數千個胺基酸構成。

自然界中存在的胺基酸有50種以上，但人類所需的約有22種，其中8種是人體無法製造，必須由飲食中攝取，稱為必需胺基酸。為使身體順利合成蛋白質，所有必需胺基酸必須同時存在，而且要有一定的比例。就算只是短時間缺少一種胺基酸，蛋白質的合成率也會大幅下降，甚至完全停止，結果使得所有胺基酸都以同樣比例減少。

含蛋白質的食物，不一定包含所有必需胺基酸；含有所有必需胺基酸的食物稱為「完全蛋白」，缺少某種必需胺基酸或其含量特別低的食物則為「不完全蛋白」。肉類和乳品多為完全蛋白，蔬菜和水果多為不完全蛋白。攝食不完全蛋白食物時，必須注意搭配，使所有胺基酸都充分獲得。

蛋白質每日攝食量的最低標準很難確定，因營養狀

肉類多為完全蛋白，蔬果多為不完全蛋白。

態、體型和個人活動的不同而有差異。美國國家研究院建議，每1公斤體重每天需要0.92公克蛋白質，以維持最佳健康狀況。想知道每天需要量，只要把體重乘以0.9就可以了。例如一個55公斤重的人，每天大約需要50公克蛋白質。但是必需胺基酸的量足夠時，蛋白質的攝取量可斟酌減少。

缺乏蛋白質就無法形成荷爾蒙，會導致組織生長不正常，頭髮、指甲和皮膚尤其易受感染，並造成肌肉狀態不佳。兒童的飲食若缺乏蛋白質則可能導致發育不良，嚴重缺乏時會引發病症，包括身心發展障礙、失去頭髮色素、關節腫大等，而且有致命危險。成人缺乏蛋白質時，易無精打采、精神沮喪、虛弱、免疫力降低、受傷和生病時復原緩慢。

蛋白質可控制體內酸鹼值，並調節水分。身體遭受特殊緊張情況時，會損耗體內蛋白質，例如動手術、失血、受傷、長期臥病等。遇到上述情形，需額外攝取蛋白質，但若是攝取過量，也會造成體液不平衡。

酵素的種類

在酵素生化學上依化學作用主要分為氧化還原酵素、轉移酵素、水解酵素、裂解酵素、異構化酵素、接合酵素等六大類。

1. **氧化還原酵素**：電子轉移作用，即轉移電子或氫原子。

2. **轉移酵素**：官能基的移轉，包括磷酸鹽、胺基、甲基。

3. **水解酵素**：水解作用——加水以擊斷化學鍵。

4. **裂解酵素**：添加雙鍵於分子上，並且以非水解方式移去化學官能基。

5. **異構化酵素**：異構作用，意即一化合物成為異構物之反應，即有相同原子而不同結構之化合物。

6. **接合酵素**：作用ATP分裂所產生的能量促成化學鍵的形成。

若依一般民眾的認知，目前食物酵素可分為四大類：

1. **澱粉酶**：分解澱粉。

2. **蛋白酶**：分解蛋白質。

3. **脂肪酶**：分解脂肪。

4. **纖維酶**：分解纖維素。

酵素產品則可分為單一酵素及複合酵素兩種。「單一酵素」表示一種產品僅含有一種酵素，如鳳梨酵素或木瓜酵素。「複合酵素」則是集合多種「單一酵素」，其作用是多重性的，如市面上有些酵素產品強調是植物綜合酵素，便是由多種植物所萃取得到多種酵素。

大家都知道，酵素會將澱粉（如米、麥、含澱粉的薯類）分解成單糖；蛋白質（如魚、肉）分解成胺基酸；脂肪（如乾酪、牛奶）分解成脂肪酸。有了這些養分，才能被細胞吸收利用。酵素在人體的基本功能是分解與合成。

酵素的形態因種類而異，存在於血液、淋巴液、消化液等體液中的呈游離形態，但大部分的酵素存在於細胞膜或胞器中扮演完成生化反應之催化劑。另酵素活性深受環境條件之影響，例如，酸鹼度（pH值）、溫度、紫外線和濃度等，缺乏活性，則無法產生生化反應，因而影響生物體生理機能運作。

酵素是分解消化食物的魔法師

　　動、植物為了要維持生命，都要有吸收養分的組織構造，但是動物所攝取的食物主要是分子較大的蛋白質、脂肪、醣類等，因此還需要有消化的功能，將大分子分解成小分子，才能加以吸收利用，這過程稱為消化作用。但是，食物進入體內之後被什麼消化分解呢？原來，生物細胞中有一大群魔術師，會將食物轉變成各種不同的東西。比方說你肚子餓的時候沒有力氣，但是吃飽之後就有力氣，這就是食物已經變成肌肉中的能量了，而主導這類變化的魔術師就是酵素。

　　消化作用又可分為化學消化和物理消化兩大類。蛋白質分解為胺基酸，脂肪分解為脂肪酸，醣類分解為單醣等，都必須有酵素的參與，稱為化學消化。另外所進食的食物，為了要加快化學消化的進行，部分動物會有特殊的構造，將食物磨碎或咬碎，以便增加和酵素作用的面積，這就稱為物理消化。

　　消化食物的第一步發生於口腔，口腔藉剪斷及研磨等

兩種物理作用將食物切斷、磨碎，可以增加食物與消化液的接觸面積。口腔內有3對唾液腺——腮腺、頜下腺及舌下腺可分泌唾液及唾液澱粉酶。唾液用來濡濕食物，使成糰狀，以便利吞嚥；唾液澱粉酶可消化澱粉。然而由於食物停留在口腔的時間不長，以及酸性環境不同，不利於澱粉之消化，所以澱粉在口腔內的消化並不重要。吃米飯或嚼饅頭時，越嚼越細越感覺得到甜味的原因，是口腔消化一小部分澱粉成麥芽糖之故。

食物進入胃時，會受胃液中酵素的分解。胃液的主要酵素是胃蛋白酶，由主細胞分泌，用來分解蛋白質。然而分泌出來時是胃蛋白酶元，亦即酵素前驅物（precursor），尚無活性，需先由胃酸活化變成胃蛋白酶才能作用。胃蛋白酶將蛋白質分解成胜肽及胺基酸，送入小腸後，再做進一步水解。胃液還含有少量胃脂質酶，僅作用於碳數在10以下之脂肪酸組成的三酸甘油酯，如乳類中之脂肪。嬰兒時期，胃液有凝乳酶，以幫助乳之凝固，防止乳快速通過胃使其有充分的時間讓酵素作用。凝乳酶在有鈣離子存在時，可以把乳中之酪蛋白部分分解成變性酪蛋白而凝固，讓胃蛋白酶得以將之進一步分解。

食物在人體的消化作用大部分在小腸進行，肝臟、膽囊、胰臟等分泌大量且多種酵素及乳化劑幫助消化，其中以胰臟分泌的酵素為最多。

在小腸有四種型態的消化液分別作用於醣類、蛋白質和脂肪，來完成最後的消化作用。

1. **胰蛋白酶及胰凝乳蛋白酶**：二者均作用於蛋白質，使之分解成為小分子量的胜類。胰蛋白酶作用於蛋白質中的離胺酸和精胺酸；胰凝乳蛋白酶作用於苯丙胺酸、酪胺酸及色胺酸等處。

2. **胜肽酶**：作用於多胜或雙胜類。

3. **澱粉酶**：屬 α 一型的酵素，可以把澱粉或肝醣轉變成麥芽糖及寡糖。

4. **脂質酶**：可將中性脂肪（即三酸甘油酯）分解成脂肪酸、甘油、單甘油酯或雙甘油酯。胰脂質酶對三酸甘油酯之2、3位置（即 α 一位置）的酯鍵有特定型的水解作用。其他酸與醇類結合成的酯類，如膽固醇酯等，亦有特定的脂質酶可行水解。

酵素的六大功能

體內的清道夫

人體必需的三大營養素若不當攝取（如品質差或量過多）便會累積在體內，加上排便不正常或是有經常性便祕的話，則形成宿便，易引發多種疾病。

例如蛋白質是健康不可或缺的，卻也足以摧毀健康。適量蛋白質能夠讓細胞運作順利，但是，若毫無節制攝取蛋白質，卻會破壞細胞，造成疾病。蛋白質進入人體，首先在胃腸局部被分解為分子較小的多胜（蛋白質分解物，通常指有固定長度者，如六胜肽就是其一例）及更小的蛋白腖（peptone，蛋白質分解成小分子產物總稱語）。大部分蛋白質在小腸進行分解，胰臟酵素進一步將蛋白質消化成胜肽及胺基酸。儘管蛋白質能夠產生能量，但為了消化蛋白質，身體卻必須耗費更多能量，還得處理遺留下來的酸性灰分。換句話說，蛋白質是一種負能量源，所製造的能量比消耗的更少。而這類體內多餘廢物與宿便要排出體外，唯有靠酵素分解成更小分子，所以說酵素是人體內最佳的清道夫。

消炎作用

　　此作用是改善體質的功能之一，發炎係指細胞某部位受破壞損傷，病菌就開始繁殖生長。發炎並不能全靠酵素來治療，酵素扮演搬運白血球、增進白血球功能，並提升抵抗力給損傷的細胞，基本上發炎仍要靠病人本身的抵抗力才能真正治癒。即使常被稱為特效藥的抗生素雖能殺死病菌，但卻無法使細胞再生。

　　酵素能誘發、強化白血球的抗菌功能，並清除入侵的病菌與化膿物，所以對發炎部位有著相當大的助益。

　　酵素對許多發炎性疾病均有良好效果，如胃潰瘍、十二指腸潰瘍、大腸潰瘍等。胃潰瘍病因很多，有些是胃部受傷引起發炎，另有幽門氏桿菌引起等。

　　外科治療法，只要切除患處就完成工作。內科治療先用鎮痛劑止痛，再用制酸劑緩和胃的酸度，可使發炎不再蔓延，增強免疫力，以身體的力量自然治癒，不過這樣很難治好病，並且是消極的方法。

　　酵素療法比內科療法更為積極。酵素對發炎的細胞，會發揮強大的抗炎效果，接著逐漸分解發炎所產生的物質，再分解病菌發炎所形成的廢物。除了很強的直接作用外，也有間接作用。酵素有促使細胞賦活的功用及解毒能力，淨化血液有助於搬運細胞新生所需的營養素，排出化成廢物的病毒，這些綜合作用對治療疾病的重要性不言可

喻。

　　綜合酵素液含有細胞代謝時所需的多量糖質，當酵素
被分解後，就變成易於燃燒的單糖（葡萄糖及果糖），進入
體內，除了協助消化器官外，還是體內代謝的動力。這和
吃東西的情形大不相同，酵素既不會有害傷口，也不會帶
給胃過多的負擔，相反地卻能使患病部位獲得充分休息。

　　但要多種酵素才能在體內一起發生作用，只有少數的
酵素，功能受到限制，效果也不大。綜合酵素對消炎作用
有效主要理由在於直接與間接作用消除自由基以及去除 T
細胞上的附屬分子CD44等。

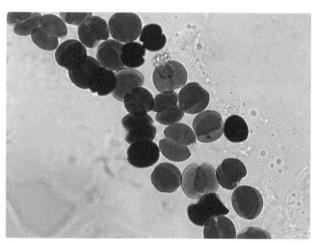

酵素能協助紅血球搬運營養提供細胞所需。

抗菌作用

人體以白血球殺菌之同時，酵素本身也會把病菌殺死。另一方面，能促使細胞增生，達根本治療之目標，由於病原菌，如細菌、病毒或黴菌等細胞組成成分主要是蛋白質及糖類等，在綜合各種不同功能的酵素聯合作用下，通常可達抗菌，甚至殺滅病菌的目的。

分解作用

酵素可以幫助人體組織細胞分解、代謝、排除患處或局部組織器官所殘留的二氧化碳、外來異物、細菌、病毒，以及人體代謝廢物等，使身體恢復正常狀態。另一方面尿酸的產生，是蛋白質成分的胺基酸在缺氧下未經氧化所形成，尿酸過高會造成關節疼痛，甚至痛風，禁食高普林（核酸）的食物如豆類、肉類等製品並非是減少尿酸的唯一方法，體內若有充足的酵素，即可加強氧與二氧化碳的新陳代謝，尿酸就可以減少形成。

人體內乳酸堆積過多時，會造成身體疲倦、肌肉痠痛；氨濃度太高，會引起精神疲勞、打哈欠、甚至造成心煩焦慮。乳酸因體內葡萄糖在缺氧下未能完全氧化而產生酸性代謝物，氨氣因大腸蠕動減慢，造成便祕或排便困難，以致糞便中的蛋白質被細菌分解。人體內若有充足的酵素，調整血液組織酸鹼平衡，及促進大腸蠕動幫助排

便，排除毒素，乳酸及氨量就會減少。

淨化血液

　　酵素能分解並排除血液中因不當飲食、環境污染、公害、藥害等所產生的毒素及有害膽固醇、血脂，暢通血管，淨化血液，恢復血管彈性並促進血液循環，使肩膀不再痠痛，禿頭或揮鞭式損傷也得以獲得改善等。

　　酵素輔助體內所有的功能。在水解（hydrolysis）反應中，消化酵素分解食物顆粒，以貯存於肝或肌肉中，此貯存的能量稍後會在必要時，由其他酵素轉化給身體使用，以建造新的肌肉組織、神經細胞、骨骼、皮膚或腺體組織。例如，有一種酵素能轉化飲食中的磷為骨骼。

　　除此，酵素還分解有毒的過氧化氫（hydrogen peroxide），並將健康的氧氣從中釋放出來；使鐵質集中於血液，幫助血液凝固，以利止血；促進氧化作用，製造能量；催化尿素的形成，經由尿液排出氨化物；協助結腸、腎、肺、皮膚等將有毒廢物轉變成容易排出體外的形式以保護血液。

促進細胞新生

　　酵素能促進正常細胞增生及受損細胞再生，使細胞恢復健康，肌膚富有彈性。

　　現代的醫學課題已由過去的病毒性疾病轉移到免疫機能有關的疾病了。所謂免疫機能就是一種具有排除由體外侵入的異物、病原體，或者在體內產生的異物、病原體之功能，擔任這一任務的主要角色是白血球，具體而言就是嗜中性白血球、巨噬細胞、Ｔ細胞以及Ｂ細胞等。

　　由體外入侵的異物（抗原）進到人體時，嗜中性白血球以及巨噬細胞會首先迎戰，尤其當巨噬細胞吞下細菌時，訊息立即傳到「Ｔ—輔助細胞」，「Ｔ—輔助細胞」就會命令Ｂ細胞製造破壞此一異物的抗體，以消滅這些不速之客。人體也有所謂「Ｔ—抑制細胞」能夠避免抗體製造太多，維持均衡的抗體生產。

　　免疫機能是非常精巧的，一旦免疫系統出了問題，就會導致免疫力降低，危害到生命。癌症患者在服用酵素產品後，症狀有明顯改善，甚至好轉，主要係由於酵素能分解癌細胞，間接藉由提升免疫力達治療功效，並有抑制腫瘤繼續生長或移轉的作用。

輔酵素是酵素不可或缺的幫手

酵素推動化學反應工作時，要有助手來共同完成，這些助手稱為輔酵素（輔酶，coenzyme）；我們日常生活需要許多礦物質如鋅、鎂、鐵等以及維生素，其實也是做為協助酵素的功能，稱為輔因子（cofactor）。茲以常見的礦物質與維生素為例。

1.礦物質

許多礦物質可用為酵素活性化因子（activator）；羧肽酶（carboxy peptidase）的鋅直接關連酵素活性的呈現；脂質酶（lipase）的鈣維持酵素呈現活性所必要的立體構造，間接參與活性呈現。

2.維生素

維生素除了本身的營養素成分之外，還含有促進體內多種化學反應的成分，上述的礦物質也是如此。

除了蛋白質之外，含有維生素、礦物質等其他物質的酵素，亦不在少數。不論是本身已經具備或是必須藉助外力，大部分的酵素都需要有礦物質、維生素等營養素的輔

助，才能完成各種任務。

以加水分解酵素為例，必須要有維生素 B 群、維生素 C 等水溶性維生素及礦物質等的輔助，才能順利運作。營養素轉化為熱量的過程，亦是如此。在第一階段的反應中，去氫酵素會將物質中的氫去除，此時，一種名為菸鹼醯胺的維生素成分就會發揮輔助酵素的作用。在搬運氫分子的第二階段中，另一種稱為核黃素的維生素便會參與運作。

服用維生素能達到消除疲勞、促使全身活化的原因如上所述。雖然維生素具有如此驚人的功效，我們仍建議讀者從日常飲食中充分地攝取天然維生素，而非仰賴人工維生素的補充。

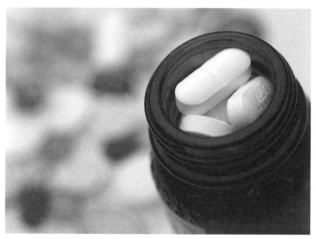

維生素與礦物質是酵素不可或缺的幫手。

酵素的有效性取決於活性

　　酵素的有效性是以活性為指標，酵素售價高低也以活性而非重量為交易標準。因此，酵素品質好壞完全取決於活性。

　　酵素活性代表成一定量酵素觸媒反應的速度；測定酵素活性時，原則上使基質或輔因子的濃度成為最適量，測定基質轉變速度；一分鐘變化基質1毫摩耳所需的酵素量稱為1（單位），表成1U（International Unit，國際單位），試料溶液1毫升的unit（U‧ml-1）相當於酵素濃度。如市售納豆激酶有些標示2,000活性單位（一分鐘可轉化掉2,000毫摩耳基質），也有標示10,000活性單位，價位及功效就有差異，不過以保健用酵素產品而言，活性在適當值（如保健用途的納豆激酶，每天8,000活性單位的量就夠了）就可以，不必超過，以免造成浪費。

　　酵素活性取決於酵素蛋白質的立體構造，其立體構造又是取決於一次構造中胺基酸的排列方式；藉遺傳基因特定的ＤＮＡ資訊而生合成有一定胺基酸配列的多胜鏈，在

其胺基酸配列再形成特定的立體構造上，生成有特定活性的酵素。

　　一種酵素蛋白質分子中並非只有一個活性基，有時數個活性基同時存在，於立體構造中互取一定的空間配位；活性基間的相互位置因變性而異動時，不能呈現活性；不過，變性為可逆時，活性也可逆變動，隨立體構造的復活性。

　　市面上有些酵素產品是以活化中心所含物質作行銷訴求，可見其重要性。

酵素的活性高低決定其效果的好壞。

第 3 章
酵素是健康的守護神

體內的酵素量和健康成正比，
但和年齡成反比，
想要容光煥發、青春常駐，
多補充酵素是關鍵！

體內酵素貯存量與年齡成反比

　　人體內的酵素貯存量和能量成正比。當年齡遞增，酵素會慢慢減少，當酵素含量減到無法滿足新陳代謝的需要時，人就會死亡。人類的壽命長短與體內酵素含量有密切關係。根據實驗，當年輕人吃下熟食（酵素已遭破壞），器官及體液內分泌出的酵素量比老人多，這是因為老年人的酵素貯存量已耗用殆盡；也正是如此，年輕人才有足夠本錢攝取白麵包等高澱粉食物。雖然飲食習慣沒有改變，但酵素貯存量隨著年歲遞減時，人會產生便祕、血管疾病、出血性腫瘤、脹氣及痛風的毛病。這是因為食物不但沒有完全消化，反而在消化道內異常發酵，產生毒素，再被血液吸收，存放在關節及其他軟骨組織內。

　　慢性病是指在人體內症狀維持數週、數月、甚至數年的病痛，常常是健康最大的麻煩製造者，會不停地消耗酵素、維生素與礦物質等。當慢性病產生時，病人血液、尿液、糞便或各組織裡的酵素量經常是較低的。事實上，急性病患或有時在慢性病初期，體內酵素含量很高，這顯示

老年人體內的酵素量愈多愈健康。

病患還有存量可以釋放出來抗病；但病況越惡化，酵素數
量就越少。慢性病人、老年人和低酵素量有密切關聯，但
常會誤以為老年人的體內酵素量少是「正常」，而慢性病
人的體內酵素量少則是一種病態。

　　如果咖啡、高蛋白飲食或其他的興奮劑進行著不正常
新陳代謝時，代謝率會增快，人類於是有精力旺盛的錯
覺；但後來的結果卻是造成能量降低，酵素消耗地更快，
終至未老先衰。高蛋白飲食令人亢奮，卻會對人體造成嚴
重的傷害。人體內若是攝入過量的蛋白質，必須要藉由肝
臟及腎臟內的酵素來分解；分解後產生的副產物是作用如
利尿劑的尿素，尿素將刺激腎臟製造出更多的尿液；在此
情況下人體中的礦物質很容易隨著尿液排出體外，而其

中鈣的流失最嚴重。每天攝取75公克的蛋白質，以及高達1.4公克的鈣時（由於飲食中蛋白質含量比例過高，代謝時會併同鈣一齊排泄，所以排掉的鈣遠超過所攝取的1.4公克），人體中會有更多的鈣被尿液排除，而不是被吸收。流失的鈣必須由骨骼來補充，久而久之便引起骨質疏鬆症。

　　上述的現象都說明攝取了過量的蛋白質或食物，會導致酵素、維生素和礦物質的流失；而食用酵素補充劑並多吃生食，都是增加酵素貯存量以及身體能量的方法。

　　酵素在高溫比在低溫時消耗快，當馬鈴薯澱粉加入分解澱粉的酵素後，分別置於攝氏27度及攝氏5度的實驗室中，結果發現前者的分解較為迅速。可見溫度越高，酵素工作得越賣力，更快被用完。

高蛋白飲食容易讓身體流失鈣。

食物酸鹼性影響酵素功能

我們常吃的食物，99％是由碳、氮、氫、氧構成，其餘的1％是無機礦物，無機礦物又分為鹼性礦物與酸性礦物。鹼性礦物消化後產生鹼性廢物，含較多鹼性礦物的食物有海帶、薑、大豆、菠菜、香蕉、香菇等。

酸性礦物消化後產生酸性廢物，含較多酸性礦物的食物有米、蛋黃、雞肉、麵粉、豬肉、牛肉等。能量在細胞內燃燒後，剩下的渣滓變成廢物（酸性居多），平常這些廢物會經由小便或汗排出體外或是由體內酵素分解進入排泄

麵粉和蛋黃是屬於酸性食品。

器官，但是還沒排出去的廢物在血管裡到處游走，逐漸在我們的身體裡累積。積滿廢物的毛細管被堵住，無法得到氧與營養的細胞就死亡不得再生，血液循環不順暢，體內的各器官不能得到足夠的血液與氧而喪失功能，導致酵素量的不足，這就是老化與成人病的原因。

能把酸性廢物中和並排出體外的鹼性食品，才是可以延緩老化與祛除疾病的唯一答案。因鹼性物質清除酸性廢物而可以治療或防止的成人病包括癌、高血壓、低血壓、糖尿病、腎臟病等，也在骨質疏鬆症、風濕、慢性腹瀉、便祕、肥胖、頭痛、妊娠反應、皮膚病、過敏、百日咳等大部分成人病發揮優異的效果。健康的細胞是鹼性的，癌細胞是酸性的。

現代醫學以鹼性的方式具體落實了長壽的祕訣，恢復身體的均衡防止成人病，在鹼性體質裡，我們可以見到生命的奧祕。

平常我們一天三餐，胃為了消化食物以及殺掉隨食物進來的病菌，一直保持在pH4以下的酸性。如果我們吃了鹼性食品，就使胃裡的pH值高於4。但另一方面，胃壁裡會分泌強酸（即鹽酸，通稱胃液），將pH值維持在4以下。鹼性食品及酵素的奧妙就藏在這個過程裡，為了使胃分泌鹽酸，要從來自食物，恆存於體內的水、鹽及碳酸等三種分子中，把氫與氯原子結合，產生HCl（鹽酸）。就在這時，

其餘的分子結合而產生重碳酸鈉（強鹼性質），重碳酸鈉被送到血液裡使血液呈鹼性，我們的身體自然就鹼性化了。所以鹼性食品不像一般藥物直接被胃或腸吸收，而是透過間接作用使得血液裡的鹼性成分自然提高，因此對身體不構成任何害處，尤其是對有嚴重妊娠反應的孕婦效果顯著。

　　蔬菜所含的鹼性只有一點點而已，要中和體內的酸性，只得大量多吃。另外，多喝鹼性水（pH值弱鹼性者）也是一個方法。實際上，美國治療癌症的專門醫院，透過使病人一天喝掉七杯鹼性水而獲得了相當好的治療效果，因鹼性水裡所含的氫離子濃度，pH7.5的弱鹼性中和了癌細胞（酸性廢物塊）。蔬菜與鹼性水含有微量的鹼性物質，但是它的效果卻足以使得我們為此驚異；那麼含有更多鹼性物質的食物以及酵素產品，效果必然更佳。

◎食物酸鹼性一覽表（每100公克）

酸性食物				鹼性食物			
蔬菜類	酸度	海藻類	酸度	蔬菜類	鹼度	水果類	鹼度
慈菇	1.7	紫菜	5.3	菠菜	15.6	梨	2.6
白蘆筍	0.1	堅果類		萵苣	7.2	葡萄	2.3
豆類		核桃	*	高麗菜	4.9	芒果	*
蠶豆	4.4	嗜好品類		菊苣	*	櫻桃	*
花生	5.4	酒糟	12.1	芹菜	*	棗	*
菜豆	*	清酒	0.5	花椰菜	*	水蜜桃	*
四季豆	*	油脂類		甜菜	*	甘蔗	*
味噌	*	奶油	0.4	芥菜	*	橘子	3.6
醬油	*	棉子油	*	薑	21.1	柳橙	*
水果類		其他類		蒟蒻粉	56.2	檸檬	*
李子	*	酸乳酪	413.0	青椒	*	柚子	*
穀類		白糖	*	芋頭	7.7	西瓜	2.1
白米	4.3	可可亞	*	馬鈴薯	5.4	甜瓜	*
大麥	3.5	巧克力	*	地瓜	4.3	哈蜜瓜	*
燕麥	17.8	香草	*	南瓜	4.4	木瓜	*
胚芽米	15.5	樹薯粉	*	大黃瓜	2.2	海藻類	
小麥	*	蛋黃	19.2	小黃瓜	*	裙帶菜	260.8
玉米	*			胡瓜	*	海帶	40.0
麵粉	3.0			紅蘿蔔	6.4	菇類	
麵包	0.6			白蘿蔔	4.6	香菇	17.5
蕎麥粉	7.7			牛蒡	5.1	松茸	6.4
米糠	85.2			蓮藕	3.8	洋菇	*
麥糠	36.4			蕪菁	4.2	堅果類	
				洋蔥	1.7	南瓜子	*
				百合	6.2	蓮子	*
				芽甘藍	*	芝麻	*
				豆類		杏仁	*
				扁豆	1.8	其他類	
				大豆	10.2	蛋白	3.2
				紅豆	7.3	人乳	0.5
				碗豆莢	1.1	牛乳	0.2
				豆腐	0.1	葡萄酒	2.4
				水果類		礦泉水	*
				香蕉	8.8	咖啡	1.9
				蘋果	3.4	茶	1.6
				草莓	5.6	醋	*
				栗子	8.3	鹽	*
				柿	2.7	糖蜜	*

· 本表之數據係摘自日本西崎弘太郎博士的測定報告，表中註明＊記號者，代表此食品已歸類，但無數據可考。

· 食物的酸鹼度與一般pH酸鹼值不同，如檸檬很酸（pH值在3～4），但屬於鹼性食物，這是依食物燃燒後灰分是哪類元素所計算出來的。

食物的酸鹼性

一般將食品分成酸性和鹼性兩大類。食品的酸鹼性與其本身的pH值無關，主要是經過消化、吸收、代謝後，最後在人體內變成酸性或鹼性的物質來界定，也就是說味道是酸的食品不一定是酸性食品。

動物的內臟、肌肉、脂肪、蛋白質還有五穀類等，因含硫（S）、磷（P）、氯（Cl）元素較多，在人體內代謝後產生硫酸、鹽酸、磷酸和乳酸等，是酸性物質的主要來源；而大多數蔬菜水果、海帶、豆類、乳製品等含鈣（Ca）、鉀（K）、鈉（Na）、鎂（Mg）元素較多，在體內代謝後可變成鹼性物質。

鹼性食品進入人體後與二氧化碳反應而成碳酸鹽，由尿中排洩，酸性食品則在腎臟中與氨（NH_3）生成銨鹽而排掉，從而得以維持血液的正常酸鹼值（pH）為7.35，呈弱鹼性。

如果食用過多酸性食品，大量消耗鈣、鉀、鎂、鈉等鹼性元素後仍不能中和而導致酸性體質，會使血液色澤加深，黏度、血壓升高，從而發生酸中毒症（Acidosis），年幼者會誘發皮膚病、神經衰弱、胃酸過多、便祕、蛀牙等，中老年者易患高血壓、動脈硬化、腦出血、胃潰瘍等症狀。酸中毒症是由於食用酸性食品過多引起的，所以不能偏食，應多吃蔬菜和水果保持體內酸鹼的平衡。

水果雖然含有各種有機酸，吃起來有酸味，但消化後大多氧化成鹼性物質。但草莓有不能氧化代謝的有機酸（姑苯甲酸草酸等），會使體液的酸度增加，是個例外。存在於蔬菜中的有機酸主要是蘋果酸、檸檬酸、酒石酸和草酸。這裡特別要注意的是草酸，它的有機體不易氧化，與鈣鹽形成的草酸鈣不溶於水而累積於腎臟中，影響了鈣的吸收。在蔬菜類中，番茄、馬鈴薯、菠菜等都含有草酸。理論上鹼性中毒（alkalosis）亦會發生，但人類鹼性中毒現象不常見，因為人類有大量的胃酸可以中和。

對人類而言，與食物的酸鹼性有密切關係的必要礦物質有8種：鉀、鈉、鈣、鎂、鐵、磷、氯、硫。前五種進入人體被消化分解之後，就呈現鹼性（鹼性元素）。當某一類食物被判定酸鹼性時，完全依據酸性元素、鹼性元素的含量比率而定，實驗室的化學家將食物經過燃燒後變成灰分（100公克食物放在坩鍋加熱），再取出用水溶解離子化，訂定其酸鹼度，也就是從100公克的食品得到的灰分，用一規定的酸或鹼中和，而所用的酸或鹼的毫升數，就稱為該食品的酸度或鹼度。

用燃燒法的理由是要模擬人們所吃的食品，經由胃的消化，腸的分解、吸收，乃是一連串體內燃燒之過程。體內燃燒與空氣中燃燒，幾乎是相似狀態，故營養醫學上，採用這種方法來分類食物的酸鹼度。

缺乏酵素加上酸鹼失衡導致成人病

高血壓

　　高血壓有兩個原因：一個是物理性的原因也就是體內的酸性廢物隨著血管游走，堆積在管壁使得血管變窄，或堵塞毛細血管而產生，而體內缺乏酵素無法充分分解這些廢物，為了要供應更多的血液，血壓自然升高，血壓不規律的患者就屬於這一類型；另一個是化學性的原因，由於血液裡的固態酸性廢物累積太多，為了排除需消耗氧氣，因而導致缺氧，因此需要更多的血液。

低血壓

　　低血壓是因為心肌裡的鈣離子被酸性廢物奪走，使得心臟活動受到障礙而產生的成人病。鈣的缺乏會降低酵素的生成量，低血壓患者如果不間斷的食用鹼性食品，鹼性的鈣離子會直接被心臟使用，或者解放被體內的酸性鹽所奪走的鈣離子，身體會因鈣離子的活化而恢復正常。

腎臟病與腎結石

腎臟的作用是剔除血液裡的廢物。如果酸性廢物累積在腎臟，而體內酵素量太少不足以去除廢物就會使它的功能下降，這種現象就是腎臟病。為了生存，細胞繼續製造廢物並排出細胞外，再由血液帶走廢物，但是血液太過於酸性化，反而使細胞留住廢物，因而惡化腎臟。另外，腎臟裡的弱酸鹽固態化並吸取血液裡的鈣或鎂，形成強酸鹽且堆積在一起而產生的病叫腎結石。

骨質疏鬆症與風濕

如果身體缺鹼缺酵素，骨骼會溶出鈣調整體內的酸鹼平衡。骨骼是磷與鈣的結合物，有了適當的磷與鈣，骨骼就會粗而健康，所以常言道骨骼就像是鈣的銀行。如果體內酸性廢物過多而危險時，就會從骨骼裡一點一點取出鈣。即使在健康的骨骼中取出30～40%的鈣，X光檢驗也不會顯現出來。隨著年齡的增長，變矮、腰彎的窘況就是因為骨骼缺鈣，根本原因則是要因應體內的酸性化，而從骨骼取鈣。還有因酸性廢物堆積在關節附近而引起關節處紅腫並劇痛的風濕，如果常吃鹼性食品，即使風濕發作也不會那麼痛，再發次數相對減少。風濕症患者不吃藥而能使疼痛消除的原因，是因為鹼性食品發揮作用之故。

風濕性關節炎一般認為和遺傳基因及環境因素有關。

此病的盛行率約為1％，以女性病人居多，女性約為男性的3倍，發病年齡主要在30～50歲之間。一旦轉成慢性，即使用酵素也難以治療。這是一種全身關節活動不順又會疼痛的病，發炎部位一旦受到刺激更會惡化。膝蓋疼痛是初期症狀，用酵素治療痊癒比例大約有30％。

輕度症狀的人用酵素療法，需要2、3個月，如果是慢性，就要6個月以上，日常生活上還要儘量減少動作。酵素對類風濕性關節炎有效原因是因為酵素的所有功能集中，特別是抗炎、讓細胞重生、淨化血液並促進循環。

慢性便祕

有很多人因吃鹼性食品而解除了便祕。為了探究這到底是心理現象還是化學或者醫學事實，韓國國立首爾大學醫學系內科教授崔圭完博士於1989年9月21日，在「水與健康、疾病」講演會裡發表了實驗結果。對便祕一年以上的患者15人（男性10人，女性5人）進行臨床試驗，結果定期吃鹼性食品的患者12人（男性8人，女性4人）在1到2週內一天只有一次便痛而已。崔博士下結論說：便祕患者吃鹼性食品的前後有明顯差異，並且所有人的症狀都得到了緩解，患者的自覺症狀也有明顯的好轉。大腸為了順利排便，會在大腸壁分泌潤滑液，如果大腸的酸性物質過多使得血液循環不順的話，潤滑液的分泌就會不夠而造成便

祕，在此種情況下若是體內有充足酵素就可分解累積在腸內的廢物，防止便祕。

壓力與頭痛

當我們受到壓力，會提升體內的酸度，減少酵素的生合成。壓力有因肉體運動而起的物理壓力與精神疲勞而起的化學壓力。物理壓力可透過充分的休息而解除，但是，精神壓力卻一直持續。事實上，繼續施加的壓力對我們的身體威脅更大。上班族的過勞死，40歲左右壯年人的猝死，準備考試的學生所患的頭痛等，都可以在持續不斷的壓力下找到答案。

糖尿病與內分泌失調

糖尿病的根本原因是，酸性廢物累積在胰臟裡並阻止它的活動，在不能充分發揮功能下無法產生適當的胰島素（即分泌失調），以致糖分代謝有障礙。平常男性若是飲食不當或生活習慣不良，在40歲以後會有糖尿症狀，而該男性可能在20歲以前卻沒有糖尿病。如果年輕時就以鹼性食物不斷的清除廢物，同時補充體內不足的酵素，糖尿病是可充分預防的疾病。

當然有些糖尿病是屬於先天性的，其結果是把不能代謝的糖分隨尿液排出體外，而無法貯存於體內備用，所以

壓力與內分泌失調會減少酵素在體內的生合成。

病人要隨時補充糖分營養，但又不能過量，否則會惡化病情。糖尿病本身並不可怕，但是由於對糖分及各種營養代謝的障礙，使體內長期欠缺葡萄糖，以致容易併發肝臟、腎臟、心臟方面的疾病，這才是可怕。糖尿病是我國十大疾病死因之一，治癒的機會很低，因為目前一般醫師治療的方法是採用注射胰島素的治標方式，只能使病人暫時解除痛苦，不但不能根本治療，且會使病情日見加重；如果改用酵素治療，則可能使患者重獲生機，因為酵素能有效地調整胰島素正常的分泌，達到不錯的效果。

當人體內缺乏酵素、氧和糖分時，會導致低血糖症；不過，糖是人體主要的燃料，但目前卻有許多人罹患低血糖症。由於此症源於人體的能量供給失調，會使所有器官都深受影響，新陳代謝率降低，引發疲倦感及身心官能症。如大腦只能靠葡萄糖和氧供給養分，血糖一旦降低，自然導致心神疲憊及沮喪等症狀。

血糖的高低由內分泌腺中的腦垂體腺、腎上線、甲狀腺和胰臟所控制，胰臟會分泌胰島素，讓血糖降低，因為胰島素會促進葡萄糖（血糖）離開血液，進入細胞，也會刺激肝和肌肉細胞將葡萄糖轉變成碳水化合物的糖原，貯存在人體內。而腎上腺分泌的腎上腺素，會將糖原分解成葡萄糖，然後進入血液，讓血糖上升。甲狀腺所分泌的荷爾蒙，則主控了人體使用氧氣的速度，也加快了碳水化合物釋出能量的速率。

所有的腺體都由腦垂體控制，也就是大腦的下視丘所控制，下視丘經由神經系統接收體內的全部訊息，包括人的精神狀態、饑餓感、體溫和血液養分聚集等。

當人體血液中澱粉酶（一種對人體很重要的酵素）不夠時，血糖會上升，而食用澱粉酶後，血糖值又會恢復正常。許多糖尿病患者澱粉酶明顯不足，在服用澱粉酶後，有一半病患不必再用胰島素控制血糖。經過烹煮而喪失澱粉酶和其他酵素的食物，對血糖有極大的影響。以50公

克的生澱粉給病人吃，半小時後，每100毫升血液中，血糖平均上升1毫克；一小時後，血糖降低1.2毫克；兩小時後，血糖值下降達3毫克。如果病人吃的是50公克的熟澱粉，半小時後，血糖平均上升56毫克；一小時後，下降51毫克；兩小時後，降低11毫克。

內分泌腺需要微量元素及維生素來維持正常的運作，例如：甲狀腺需要碘，腎上腺需要維生素Ｃ，但這些維生素與碘必須與酵素合作才能共同作用。過度烹煮的食物不僅缺少酵素，也流失養分，人因此容易生病。

人的腺體是靠大腦的刺激而分泌荷爾蒙，當血糖太低，胰臟和腎上腺會立即分泌荷爾蒙；當血液中的養分不夠供給內分泌腺時，下視丘便會刺激食欲，產生饑餓感。所吃的熟食愈多，荷爾蒙所受的刺激愈多，導致人暴飲暴食，進而過度肥胖，接著而來的還有心臟性疾病、高血壓等諸多病痛，而血糖的快速升降，也會讓情緒起伏變大，並且心神失衡。內分泌腺過度分泌的結果，無法再供給人體正常新陳代謝，人的身體與心智都會嚴重受影響。

攝取反式脂肪容易造成疾病

依目前能量醫學與預防醫學最新理論，影響人體健康，造成疾病有四大因素，即脂肪、黏液、毒素與壓力。

現代人由於飲食習慣的改變，常吃下許多毒素，最嚴重的一種是脂溶性毒素；肝臟本來就是幫人體解毒過濾油脂的，然後由糞便排掉，但若吃下過多的脂溶性毒素，肝臟會來不及解毒，假使肝臟已經壞掉，就只能從皮膚作替代性的排除，否則油脂會進一步進入腎臟破壞腎臟功能。

油脂加工食品對人體有害的毒素是反式脂肪酸。油脂成分之一是脂肪酸，脂肪酸的構造是一群碳原互相接成長鏈，末端是酸，骨幹的碳與碳之間若有雙鍵，依據兩個碳原子上的兩個氫在雙鍵同一側（順式）或不同側（反式）而分為順反式脂肪酸 。天然動植物的脂肪酸都是順式，大約只有兩種情況會產生反式脂肪酸，一是在化學作用下，如食品加工時將液體油變成固體的時候，是把氫加到脂肪酸的雙鍵上使它飽和，雙鍵愈少亦即愈飽和就愈硬，製造出來的脂肪酸若還有雙鍵（即部分氫化油），脂肪酸會由順

人造奶油是造成心血管疾病的危險因子。

式變成反式，因為反式構造較穩定；把液態油氫化的好處在延長保鮮期，較不易酸敗，便於塗抹，形狀可固定或成乳狀，但卻有產生反式脂肪酸的缺點。反式脂肪酸的另一個來源是微生物，如牛羊反芻胃中的微生物，會把牧草發酵合成脂肪酸，其中含有反式脂肪酸，所以牛羊肉與油、牛羊奶與奶油中在自然情況下就會含有反式脂肪酸。

　　攝取反式脂肪酸高者，發生心血管疾病與糖尿病的危險性增加，與心律不整及心臟病猝死也有相關。反式脂肪酸對血脂有不良影響，而引起心血管疾病與糖尿病的可能原因有：

　　1. 血液中低密度脂蛋白膽固醇增加，高密度脂蛋白膽固醇下降，攝取反式脂肪酸更易增加低密度膽固醇量。

2. 血液脂蛋白指數（Lipoprotein (a)）即 Lp(a)過高，此指標與心血管疾病、中風有關。

3. 血油高，也就是血液當中的中性脂肪（又稱三酸甘油酯）濃度上升，和膽固醇過高一樣，屬於高血脂症的一種。

4. 干擾必需脂肪酸代謝。

5. 降低胰島素敏感度。

6. 反式脂肪酸的平日攝取量與全身性的發炎反應指標有正相關，而發炎反應是動脈硬化、糖尿病及多種癌症的起始。

7. 致癌機率大增。

疾病的生成是漸進的，上述例子是脂肪毒素慢慢累積最後形成疾病，在尚未成疾病前，甚或已是疾病情況下，若能清除掉毒素則可避免疾病的發生，已形成疾病的現象也可改善，去除這類脂肪毒素酵素是有相當功效的，尤其脂質酶可發揮解毒功能，一般人可藉由體內酵素或由外所補充的酵素便可達到目的。

癌症起因是缺氧與酸性體質

　　癌是代表性的成人病。癌細胞不像一般細胞因酸性廢物累積而死亡，反而為了在酸性環境裡生存而引起遺傳基因突變，並繼續蔓延成形。對於癌細胞的產生有兩種學說：一是德國生化學者沃比的缺氧理論，另一個是日本人愛哈氏的酸性體質理論。沃比博士的理論說：在健康的細胞裡除去氧氣，可使該細胞變成癌細胞，並且因為以實驗證明了這一點而獲得諾貝爾獎。愛哈氏的學說提及：呈弱鹼性的健康細胞在累積酸性廢物後通常會死亡，但是如果有不惜轉變染色體而在酸性環境生存的細胞，就會是癌的開始。即使動手術割掉所有的癌細胞，癌會再度產生的原因就在於酸性環境依舊存在。不想死亡的細胞仍負隅頑抗，因此不想得癌症也難。為了防止癌症，一個是要細胞不改變染色體使其在酸性環境順利死亡，另一個是常吃鹼性食品以防酸性廢物的累積，確保酵素在體內的儲存量。

酵素發揮強力的排毒作用

　　生物體內所有細胞的活動都要靠酵素，所有新陳代謝的過程也需要酵素全程參與，一旦有毒性物質產生或侵入，必由酵素挺身而出、先行分解，人體才能排除毒物。目前從世界各國的研究報告與醫學文獻中得知，酵素至少被證實有以下功用：

　　1. 抗發炎。

　　2. 舒緩肌肉與關節傷害。

　　3. 去除傷口壞死組織，具有清瘡作用。

　　4. 改善關節炎的腫痛症狀。

　　5. 促進手術傷口的復原。

　　6. 重建消化道機能。

　　7. 降低心血管疾病與中風的危險性。

　　8. 改善呼吸道功能。

酵素能增強免疫力

酵素具有增強免疫力的作用：

1. 可以促進人體自然殺手細胞與巨噬細胞的功能及作用。

2. 能夠激發細胞製造具免疫功能的生化因子。

因此，疾病發生機率與免疫力的強弱是成高度反比關係，同時免疫力的強弱與體內庫存酵素量的多寡是成正比的，也就是說，酵素貯存量越大的人就越健康。所以在高度文明的今日，外來酵素的補充便是避免體內庫存消耗的最佳方式。而補充得來的酵素，最重要的是活性能否在人體胃液酸性環境下保持較長時間。

每個人一生中可以自行生產的酵素總量是一定的，這個總量就叫潛在酵素。此種潛在酵素就如同銀行存款，不論是用在飲食、娛樂，餘額都會減少。同樣的，潛在酵素會因為消化吸收、代謝解毒的需要而逐漸減少。因此除了要珍惜外，更需要避免加重體內器官的負擔。自從食品工業技術的突飛猛進後，人工添加劑大量的進入每個家庭

水果富含酵素能增強免疫力。

中，也進入了我們的體內。而這些文明進步下的速食與精緻食品文化，不但無法幫助食物酵素的補充，更進而消耗體內自發性分泌的酵素，使得原有的酵素失去功用，造成器官的障礙，形成現代人類的各種不同文明病。愈來愈多的人營養不均衡、消化不良、便祕、疲勞沒精神等，這些小毛病會慢慢累積發展成大毛病並持續用掉體內的酵素，直到酵素減少到無法滿足新陳代謝需要時，人就會死亡。

酵素降低心血管疾病的發生率

　　在中國傳統的醫學裡，許多高貴的補品，都具有高度的清血功能，其目的不外乎就是要改善循環系統。簡單的說，當血小板凝結時，血液的黏稠度自然會增加，此時血流的速度變慢，甚至會形成血栓，造成心臟疾病或者腦血管病變。而食用此類清血功能的補品，就是要使血液黏稠度降低，順暢血流的運行，促進新陳代謝功用。而酵素因具有抗發炎、抗血小板凝結、促進血栓溶解、促進溶解膽固醇斑塊等作用，所以能改善心絞痛、改善血栓靜脈炎、

酵素可減少血管疾病和中風機會。

減少血管疾病及中風機會，因此，酵素對人體的循環系統具有高度功效。

　　心血管疾病一直是高居國人十大死亡病因，其危險因子有高血壓、高膽固醇、空腹血糖過高、血中胰島素過高等，而肥胖更是其中之一，且是主要危險因子。因為肥胖會影響到溶解系統與凝血系統，增加心血管發病機會。再加上部分過度肥胖者，為了減肥而控管所進食的熱量，壓力過大，造成營養失衡，或者暴飲暴食，更會造成免疫力快速下降等不良後果。而酵素因具有預防心血管疾病功能，可提升免疫功效，因此可說是肥胖者最佳的營養補給品。

◎2007年國人十大死因

排名	死亡原因	死亡人數	百分比%
1	惡性腫瘤	40,306	28.9
2	心臟疾病	13,003	9.3
3	腦血管疾病	12,875	9.2
4	糖尿病	10,231	7.3
5	事故傷害	7,130	5.1
6	肺炎	5,895	4.2
7	慢性肝炎及肝硬化	5,160	3.7
8	腎炎、腎徵候群及腎性病變	5,099	3.7
9	自殺	3,933	2.8
10	高血壓性疾病	1,977	1.4
資料來源：行政院衛生署			

酵素可改善的症狀

減肥、瘦身

酵素可有效瘦身減肥，這是理所當然的，食用綜合酵素的同時也一併施行運動飲食控制，並持之以恆，效果更明顯。

人體內的脂肪會囤積在肝臟、腎臟、動脈和毛細管中，吃下無酵素的食物（脂肪酶已遭破壞），不僅會導致肥胖，而且還會促使器官產生病變。

加熱後的精緻食物，會使人體腦垂體腺的大小及外觀發生劇烈改變，這可由動物腦垂體腺切除後，引發血液中酵素數量的增加來證明。酵素會影響分泌荷爾蒙的腺體，而荷爾蒙也會影響酵素的數量。

由於熟食的過度刺激，會導致胰臟和腦垂體腺過度分泌，全身因此變得懶洋洋的，甲狀腺功能不彰，於是變胖。生食較不會刺激腺體，體重的變化自然少。最明顯的證明，就是當農民用生的馬鈴薯餵豬時，豬比較不容易養

胖，是由於生馬鈴薯中的酵素發揮作用；不過，若用熟食餵豬，豬就容易胖。因此利用酵素減肥，可以運用斷食法來配合，每星期斷食1～3次（通常一次就夠），每次16～24小時，斷食期間以酵素補充體力，並配合運動、喝水，減肥效果甚佳。

鼻子過敏

鼻子過敏常流鼻水，鼻水主要成分之一是黏稠狀多胜（人體中蛋白質分解產物的一種），所以若有能分解蛋白質與多胜的酵素（蛋白酶），就能改善症狀，使鼻子過敏者較舒服。

痔瘡

痔瘡包括裂肛、痔核、脫肛、痔瘻等，都會引起發炎。其中痔瘻的症狀為膿流出腸管，其他種類痔瘡的症狀是血液凝固、血管腫大、斷裂，引起這些症狀的原因大多是因一些人體正常功能外不必要蛋白質及病菌所導致，而酵素的功能可分解蛋白質以及淨化血液、分解病毒、抗菌、抗炎、活化細胞等綜合效果。所以食用酵素對痔瘡有效。

青春痘

　　青春痘是人體荷爾蒙
分泌旺盛的一種正常現象，
但是若處理毛囊內的分泌
物時受到細菌感染，使毛囊
發炎而變成「爛痘」，便成
了病症，要是再處理不當，
使每個毛細孔發炎，那就要
滿臉「紅痘」了，食用酵素後
不僅可抑制發炎、抗菌消除
青春痘，對皮膚保養（因為細
胞活化了）也有很大助益。

酵素能活化細胞，滋養皮膚。

禿頭

　　頭皮下的微血管若受壓迫會變得細小，加上毛根細胞
中的廢物排出流進血管，血管更不暢通，血管無法暢通常
因為有蛋白質及脂肪為主成分的不良物質（如血栓），酵
素能同時分解排出廢物、促進血液流通、輸送養分，倘若
血液流暢，營養就可以到達所需之處，毛根細胞亦隨之活
潑，當然可以使禿頭重新長髮。

解開酵素抗老化的密碼

　　人體的血液是弱鹼性，若體內自由基過多或血液偏酸，則酵素合成與作用均受影響，其結果是酵素愈來愈少，老化也在不知不覺中加快進行。

酸性廢物的累積與缺乏酵素是老化的主因

　　從嬰兒斷奶起，老化就已經開始了。胎兒在母親肚子裡的時候，接受母親的營養而成長，這大部分的營養都是鹼性礦物，因此胎兒的身體呈鹼性。但是，由於母親被胎兒吸收太多的鹼性礦物而使身體急速酸化。另外，妊娠反應較嚴重的孕婦也是因為鹼性礦物的缺乏。斷奶後嬰兒所吃的食物（主要是雜糧）是酸性的，所以身體會逐漸酸化，這種現象隨著成長過程更趨嚴重。由於我們攝取大量的酸性食物，因此，身體也就累積更多的酸性廢物，導致酵素的缺乏，雪上加霜的是，生活在被污染的水、空氣以及承受壓力的現代人的體內，產生比自然代謝更多的廢物，因而促使老化加速，承受各種成人病的折磨。

自由基的形成

　　自由基就是「帶有一個單獨不成對電子的原子、分子、或離子」，可能在人體的任何部位產生，例如粒線體，這是細胞內產生能量（進行氧化作用）的主要位置，也是產生自由基的主要地點。

　　這些較活潑、帶有不成對電子的自由基性質不穩定，具有搶奪其他物質的電子，使自己原本不成對的電子變為成對也就是較穩定的特性。而被搶走電子的物質也可能變得不穩定，然後再去搶奪其他物質的電子，於是產生一連串的連鎖反應（chain reaction），造成這些被搶奪的物質遭到破壞。人體的老化和疾病，極可能就是從這個時候開始的。尤其是位居十大死亡原因之首的癌症，其罪魁禍首被懷疑是自由基。

抗老化酵素清除自由基

　　人體內有數種自行製造的抗氧化酶，是對抗自由基的第一道防線，它們可以在過氧化物產生時，立即發揮氧化還原作用將過氧化物轉換為毒害較低或無害的物質。包括有超氧化物歧化酶（Superoxide Dismutase，簡稱SOD）、穀胱甘肽過氧化物酶（Glutathione Peroxidase，簡稱GSHP）和觸酶（Catalase）等。

　　超氧化物歧化酶能去除多餘的自由基，是一種酵素型

抗氧化劑。有研究指出，烏龜之所以長壽可能是由於其體內SOD含量較多的緣故。

在食物當中，大豆、芝麻與穀物胚芽裡（如發芽米、小麥胚芽等）均含有豐富的SOD，若是綜合酵素產品中含有SOD的話，對人體去除自由基便有很大幫助。

穀胱甘肽過氧化物酶則是另一種酵素型抗氧化劑，可與觸酶互相搭配將過剩自由基完全清除。

以上三種酵素都有廠商以生物技術方法生產成單一酵素上市。

SOD酵素是一個大分子化合物，人體腸胃較不易吸收，除非打針，如果要口服的話，便必須另找類似SOD的化合物，也就是本質並非酵素，但卻有SOD功能的物質，即稱之為「類SOD物質」。

類SOD之生產均以生物技術方法，由豆類、蔬果、天然草本植物、菇類以及樹皮中抽取、發酵而得，如靈芝、香菇、大豆、松樹皮、葡萄籽、紅麴等。所得到的類SOD物質分子較小，容易吸收，在人體停留也較久，能發揮強而有力的功能。

原產法國的一種松樹（Conifer Pinus Pinaster）樹皮中含有類SOD活性物質，叫Pycnogenol。此物質包括酵素在內有四十多種生物活性成分，主要為類黃酮、葡萄糖酯、有機酸、兒茶素、酚酸、生物鹼以及Procyanidies等。這種松

樹皮抽取物（pine bark extract）每1公斤僅能抽取出1公克，而且樹齡需超過20年以上。此松樹皮抽取物與來自葡萄籽的前花青素低聚物（Oligomic proanthocyanidine,OPC），皆具類似保健功能：

1. 使皮膚光滑富有彈性
2. 維持毛細管、動脈及靜脈血管的通暢
3. 促進新陳代謝，維持身體健康
4. 保護眼睛
5. 維持腦神經作用正常
6. 減少因壓力所造成的影響
7. 使關節保持靈活
8. 強化心血管
9. 預防癌症
10.去除自由基，防老化

◎人體自行製造的抗氧化酶

抗氧化酶	存在位置	作用	輔助因子及其每日建議量	輔助因子的主要食物來源
超氧化物歧化酶 (Superoxide Dismutase, 簡稱SOD)	粒線體、細胞質	氧自由基 ↓ 雙氧水＋氧	鋅： 女—12毫克 男—15毫克 （最多不超過50毫克） 銅： 2毫克（成人）	鋅：海產、肉類、肝臟、蛋、黃豆、花生 銅：肝臟、肉、魚、蝦、堅果類
穀胱甘肽過氧化物酶 (Glutathione Peroxidase, 簡稱GSHP)	血液、肝臟、粒線體、細胞質	雙氧水 ↓ 水＋氧	硒： 女—55微克 男—70微克 （成人）	海產、蔥、洋蔥、蒜
觸酶(Catalase)	人體的各種組織	氧自由基 ↓ 水＋氧	鐵： 女—15毫克 男—10毫克 （成人）	肉、魚

酵素可防止皮膚快速老化

皮膚是人體面積最大的器官，人開始老化時皮膚最容易自我感受，也是外人最顯而易見的重要指標，因此如何使皮膚老化速度減緩，常保青春是大家迫切的希望。

老化的皮膚產生皺紋、又乾又薄、色澤不良、虛弱、無彈性，而且有些老人的皮膚幾乎是透明的，像羊皮紙一般。皮膚極鬆弛或常摩擦之處，如鼠蹊、腋下及女性的乳方下方，可能會形成表皮肉垂。這類小瘤通常出現在四十幾歲的女性及五十幾歲男性的身上。絕大部份是良性，很少是惡性的；但有時可能是皮膚癌前兆。

皮膚老化有時會產生脂漏性角化病，這是棕色突起的斑點，看起來很像疣，雖然不致危害健康，但有礙觀瞻，可以刮除或用液態氮消除。日光性角化症則是長在長期接觸陽光的皮膚部位，而且最常出現在金髮及紅髮者身上；樣子像小疣，但表面粗糙，有時摸起來硬硬的。顏色多半是深灰色，不像脂漏性角化病多半是棕色的。

老人斑又名肝斑，醫學上稱為「著色斑」，也是老化象徵之一，面積大而扁平、形狀不規則，顏色與周圍皮膚不同；多出現於皮膚最常曝曬到陽光之處，例如臉部、手背及雙腳。隨著年齡增加，皮膚會開始出現小小鮮紅的櫻桃血管瘤，大約85%的老人都會有。多半長在軀幹上，不在四肢，而且只是擴張的小血管，對人體無害。

另外一種皮膚老化的徵兆為紫斑，多出現在皮膚薄、無彈性、失去脂肪和結締組織的老人身上。由於年紀大了皮下血管無法得到良好的支撐，因此很容易受傷。如果這些痕跡出現在衣著覆蓋的皮膚上或與身上某處流血同時出現，就必須就醫。

皮膚老化的「自然」結果，是流失彈力蛋白和膠原蛋白、皮膚細胞重生速度減慢、汗腺的數量減少和皮脂腺分泌的皮脂量下降等現象都會因日曬、情緒壓力、營養不良、體重反覆升降、酗酒、污染及抽菸而加速惡化。其中最重大的危險因子就是陽光傷害。

　　酵素具有活化細胞、修復皺紋、防止老化等功能，且可促進新陳代謝，使肌膚看起來容光煥發。人體除了內部細胞組織存有許多天然酵素外，皮膚中也有功能不同的酵素，有些可幫助深層皮膚細胞生長，使養分被阻的皮膚細胞再度運作；有些可抵禦紫外線對皮膚造成的傷害，抑制皮膚表面黑色素形成，進而對抗由陽光曝曬所造成的老化；有些則可以使老化皮膚的死細胞剝落，甚至增進肌膚內膠原蛋白與彈力蛋白形成，而膠原蛋白與彈力蛋白正是維持皮膚彈性和緊密細緻的重要關係物質。食用天然綜合植物酵素，對活化人體皮膚細胞具優異效果，而活性酵素所擁有的強盛活潑力，可深入皮膚組織，是養分最佳的傳送媒介。

菸酒會破壞體內酵素。

補充酵素最有效的方法

　　酵素原本存在於生物體內，人體中的酵素是依遺傳基因構造在體內自己合成的，所以有些天生具遺傳性疾病（如地中海型貧血、尿酮症等）的病人，都是因為基因無法合成某些酵素而導致。

　　酵素也可藉由食物補充，其中最好的來源是天然蔬菜、水果及草本植物等，愛斯基摩人生吃的魚肉中也有許多酵素，但食物經過蒸煮之後，大部分的酵素會受到破壞，便無法提供給人體了。

　　工業上所使用的酵素可由蔬果中抽取，發酵而製得，全方位的綜合酵素產品，應是能分解蛋白質、醣類、脂肪三大營養素的酵素，最好還含有其他酵素（例如抗氧化酵素），對於一般人保健而言才是最佳的選擇。目前在市面上有許多液態的綜合植物、蔬果酵素產品，不僅使用方便，也十分符合食補、食療的精神，相當受歡迎。

　　另外，酵素也能由微生物以生物技術發酵法生產。

　　所以獲得體外酵素有兩大方法：一種是生機飲食，另

一是攝取富含酵素的補充物。生機飲食較麻煩費時，一次吃不了太多種，且大環境的改變安全堪慮。因為體內缺乏多少酵素、缺少哪些酵素，我們並不知道，所以最安全、方便、有效的方法就是食用生物科技的天然複合酵素製品。

生魚片也有酵素。

曾有人認為體內一半的能量是被用於消化食物，如果每天飲食中加入體外酵素（生機飲食酵素或酵素補充物），越多的養分會被吸收，所需的食物也越少，消化、排泄的壓力自然減少，正是所謂的「節省能量」法則；一般運動員將因此體力更好、耐力更持久，體力也恢復得更快。在正餐之間，攝取植物性酵素來增進人體全身的酵素活力，重建消化道和血管內的酵素含量，能有效治療念珠菌症、過敏或其他系統方面的疾病；同時，由於腸內各類菌的數量

是平衡而不相容的，當一類菌多的情況下便會壓制另一群菌的數量，所以服用嗜酸乳酸桿菌也會有助偵測腸裡好菌的散布量，滋養免疫系統。

優酪乳富含好菌，可調整腸胃機能。

第 4 章
自製酵素

自製酵素可體現發酵的過程，
也能享受DIY的樂趣，
更重要的是，
為自己創造了養生保健的絕佳飲品。

利用發酵原理自製酵素

發酵是自然界原本就有的現象，原指酵母、細菌或黴菌等微生物，將有機化合物分解，轉變成酒精、有機酸、二氧化碳等的過程，整個過程即可以說是一種微生物細胞的代謝反應。

最早的發酵產品是酒，這也是最古老的傳統生物技術產品，古代人因經驗傳承及錯誤嘗試而知道釀酒技術。由於製造酒時有大量二氧化碳產生，有如沸騰，所以發酵（fermentation）源自拉丁文「to be fervered」，就是沸騰起泡之意。

發酵不只有製酒，許多傳統食品也都是發酵的產物，如醬油、味噌、乾酪、納豆等。

所以，用最簡單的方式來說，發酵就是指「以微生物或其所含酵素來製造人類有用物質的有效過程」。

發酵是食品加工的手段之一，最初目的在於使過剩農產品能存放較久，不致腐敗。因此發酵食品有四項特點：

1. 能保存。

2. 營養豐富。例如煮熟後的大豆，與大豆經納豆菌繁殖後所得的納豆相比，營養成分有如天地之差。

3. 有特別風味。例如醬油、味噌存有豆類發酵後的芳香，而納豆也有其獨特味道。

4. 含有豐富的有益微生物。如乾酪、優酪乳、納豆等均含有對人體有用的微生物。

所以發酵食品雖然歷史悠久，但至今仍大受歡迎。

除了酒的釀造是一個典型但又古老的發酵技術之外，同樣是高粱、米、葡萄、小麥等基質，由於不同地區栽種植物品種的差異，經由不同的菌種、釀造方式與氣候的影響，可以釀出截然不同風味的酒。這也顯示傳統發酵是一個略帶藝術，並且成為製造特殊風味食品產業的技術。一直到現在，發酵在生活中仍然扮演了一個非常重要的角色。從嚴謹的醫藥業，到一般的農業或環保產業，都可以見到它的蹤影。

大豆可發酵成醬油、味噌、納豆等多項食品。

　　發酵得到的產品範圍極廣，從極高單價的醫藥級產品，例如降血脂藥物或抗生素，到工業用的酵素，像是澱粉分解酵素、纖維分解酵素、蛋白質分解酵素以及果糖、寡糖製造用的酵素等；還有保健食品用的有益微生物，例如乳酸菌、紅麴菌、納豆菌、食藥用菇菌等，以及味精類的調味品，農業用的生物殺蟲劑，像蘇力菌，或者枯草桿菌、放線菌、木黴菌等拮抗菌類的微生物；從動物飼料藥劑或直接添加在飼料中的微生物等，到廢棄物回收、各類污染處理與清理用的環保微生物，以及其他的特殊酵素等。

　　微生物就像一個精細的微小生產工廠，人類可以依靠現代發酵技術，指揮每毫升中的數十億個微小工廠，生產出想要的產物。只要能掌握技術與菌種，這種生產方式既有效率又便宜。一般來說，只要技術成熟，藉由發酵生產製造的成本會比化學合成的低廉，操作危險性也較低，而且液態發酵可以快速進行、規模擴大。簡單地說，就是透過培養環境來告訴微生物，什麼時侯該做什麼動作，得到所要的產品。

　　發酵是細胞新陳代謝的現象之一，而推動細胞新陳代謝的大功臣便是酵素，酵素在微生物細胞中經由生物化學的催化作用才有發酵現象，因此發酵作用也是酵素的體現。

自製酵素的注意事項

　　人類由於飲食文化的關係，食物大多經過高溫蒸煮，存在於天然動植物中的酵素因受熱被破壞，所以現代人攝取來自大自然的酵素機會不多。但也有特殊的例子，日本人嗜吃生魚片，據推測這可能是他們長壽原因之一。

　　近年來呼籲回歸自然飲食的生機養生法強調生吃新鮮蔬果，喝天然果菜汁的原因即在此，也可見酵素的價值所在。

　　酵素可以自行製作，做酵素的材料要新鮮，而且要提早兩天買回來洗乾淨，自然晾乾，但不要放進冰箱。所用的砧板、刀和玻璃瓶一定要做酵素專用的，用前洗乾淨，抹到很乾，千萬不要沾到水分或油。在切水果或蔬菜時要淨心，將身體能量提升，以正向能量心情製作，幾個人一起做酵素，會因每個人不同的心情，影響酵素產生不同的效果。

　　製作過程剛開始發酵的前4、5天，最上面一層會有白色泡沫，也可能有黑點。黑點是黴菌要拿掉，否則會使酵

素變壞。

　　玻璃瓶內的材料裝8分滿就夠了，瓶蓋不要蓋緊，這些做法都是為了讓發酵的氣體逸出，否則可能會「爆蓋」。可以用布蓋住瓶蓋，儘量避免受到外在的污染。過了4、5天打開蓋子來看，注意有沒有黑點，有沒有蒼蠅卵在瓶蓋內等，如果沒有任何問題，才把蓋子轉緊，外面用布包住，再放30到40天，就可飲用。

　　酵素置於陰涼處，不可放進冰箱，以免沾到寒氣和水分，會發霉。酵素製作完成後可經常飲用，不限每天次數，腸胃好的人可在空腹喝（效果最佳），若腸胃較弱可在飯後喝，飲用時可以不加稀釋，也可依個人喜好稀釋後再喝。

　　酵素看起來容易做，其實變數很多，不一定成功，尤其是初學者，難免忽略小處，導致心血泡湯。

　　水果中都有豐富的酵素，可自行製作，但最初製作時宜以單一水果開始，較易成功；水果中常見又含多量酵素的是鳳梨與木瓜。

鳳梨酵素

　　自古以來，老祖宗就告訴我們，鳳梨很利。相信大家都有過這種經驗，鳳梨吃多時嘴巴會破、不舒服。事實上，這是因為鳳梨中富含蛋白分解酵素的緣故。鳳梨中的酵素主要由莖部抽取，所以稱為鳳梨莖酵素（Stem Bromelian），過去台灣鳳梨酵素的生產曾是全球第一。

　　鳳梨的主要酵素是蛋白酶，另外還含有磷酸酶、過氧化酶等。鳳梨酵素在醫學臨床上有許多功能，如抗發炎、緩解關節與肌肉傷害、清除傷口壞死組織、降低關節發炎病痛、改善消化道及呼吸道功能等。另外近年來的研究還發現，其有增強免疫力及抑制癌細胞生長等功效。

　　由於台灣的法規中限制食品不能強調療效，所以市售的食品級酵素都不能陳述醫學功效。但事實就是事實，站在學術立場鳳梨酵素有其醫學上療效。

　　因此，萃取綜合天然植物酵素，鳳梨可說是相當重要的原料，除了抽出鳳梨酵素外，其他營養成分也會一併取得。

如何自製 鳳梨酵素

容器

1. 乾淨玻璃罐；如製作原料1公斤，約要4.5公升的罐，即4～5倍大。

2. 乾淨大平盤；塑膠製便可，盤中有瀝水孔洞才行。

材料

1. 有機栽種鳳梨1公斤，少農藥者較佳。

2. 褐色冰糖500公克，砂糖亦可，但最好是紅糖或黃砂糖；鳳梨與冰糖約2：1比例。

3. 純釀造米醋50CC。

做法

1. 先將鳳梨洗淨放在大平盤，上覆乾淨紗布，讓鳳梨充分瀝乾；洗的時候切記要用過濾的清淨水，不可用自來水，雙手與容器均要保持潔淨。

2. 玻璃罐洗淨並用沸水燙過，或在沸水中煮過滅菌後取出，罐口朝下，讓水分完全瀝乾。

3. 手充分洗淨，將鳳梨連皮切塊與褐色冰糖，交叉一層又一層置入玻璃罐，即一層鳳梨、一層褐色冰糖，再一層鳳梨直到冰糖用完，加入純米醋，然後上蓋，但不可蓋太緊，以免氣爆。

4. 手持沸水燙過的大湯匙，每天將罐中材料充分攪拌，連續攪拌1週便可，頭幾天鳳梨會因發酵產生汁液，更由於有氣體而浮於液面，3週後瓶蓋蓋緊時間屆滿時（夏天1個月，冬天3個月），不見有任何氣體產生，原料表面有些許如脫水般產生皺摺時，便可用經沸水燙過並瀝乾的濾網與勺子，將酵素液濾出產品。

5. 產品酵素用玻璃容器裝瓶，放室溫陰涼處，可放1年左右；飲用時若稀釋喝的話則應放置冰箱中保存，並在當天喝完（冬天可放室溫）；自製酵素後的鳳梨原料當水果吃有益健康，吃不完先冰起來，但最好儘快食用完畢。在重覆開瓶封瓶中會讓細菌趁機跑進去，當聞到異臭味時就表示變質了不能喝。

製作重點

1 鳳梨洗淨，連皮切成塊狀。

2 玻璃瓶中一層鳳梨一層糖。

3 裝至8分滿，最上層為糖，再加入純釀造米醋。

4 完成後需放置陰涼處待其發酵。

5 持續一週，手持沸水燙過的大湯匙，將罐中材料充分攪拌。

6 剛開始幾天最上面一層會有白色泡沫，也可能有黑點；黑點是黴菌要拿掉，否則會使酵素變壞。

木瓜酵素

　　木瓜酵素（papain）主要由青木瓜中抽取，可消化比本身重35倍的蛋白質，不論是在酸性、鹼性，甚至中性的環境裡皆能發揮作用；長期食用可以幫助維持消化道機能、改變菌叢生態、使排便順暢、調整體質、增強體力。

　　木瓜酵素在醫學及美容方面，用途越來越廣，其中包括有：促進皮膚組織的新陳代謝，發揮清淨作用，使肌膚水嫩有光澤；具有消炎與抗菌的臨床效果；能夠使角質化而變硬的肌膚柔軟；能夠去除青春痘、疤痕或曬傷的部位，用在美容上功效良好。

　　簡言之，木瓜酵素是健胃、整腸、軟筋骨，及提供豐胸激素之食品，也是體內環保、增強免疫力、抗衰老的天然素材。

如何自製 木瓜酵素

容器
同鳳梨酵素。

材料
青木瓜1斤、純釀造米醋500CC、純寡糖
漿50CC。

做法
1. 將青木瓜洗淨,剖開去籽留皮切塊;
   切開時不可用金屬刀子,以免破壞木
   瓜酵素。
2. 把切好的青木瓜以層疊的方式放入玻
   璃瓶內,淋上純寡糖漿,再加醋。
3. 發酵技巧與製作鳳梨酵素相同。

製作重點

1 青木瓜剖開留皮去籽。

2 用非金屬刀子切成塊狀。

3 一層層疊青木瓜。

4 裝至8分滿，先淋純寡糖漿。

5 再加入純釀造米醋。

6 完成後需放置陰涼處待其發酵。

木瓜的營養價值

木瓜（papaya）為番木瓜科，含有多種醣類、維生素、木瓜鹼、木瓜酵素，能使蛋白質與脂肪易於消化吸收。木瓜可食部分100公克中含水分88.4公克，熱量52卡，蛋白質0.8公克，脂肪0.1公克，醣類13.4公克，纖維1.7公克，維生素A 1560國際單位，維生素B_1 0.03毫克，維生素B_2 0.04毫克，維生素E 72毫克，鈣、磷、鐵、鉀共220毫克，鈉、鋅共0.02毫克；另有菸鹼酸、凝乳酶、有機酸、番茄紅素、β-胡蘿蔔素和纖維酶，屬黃色水果，有抗氧化物質，除能增進健康尚有防癌及心膽血管保護功能。尤其木瓜鹼是木瓜的植物性化合物之一，有強大的抗腫瘤作用活力，能抑制癌症，有癌症的病人，適當的吃一點木瓜，可幫助病況改善。

木瓜中所含維生素量，足以提供人體每日需要，其內所含多種纖維和酒石酸酚，可抵制亞硝酸的形成，亦可有效預防癌症。

凝乳酶能分解脂肪變為脂肪酸，讓油脂易於消化吸收；纖維蛋白酶則助蛋白質消化；調節胰腺分泌的蛋白質外加上多種糖類，能有效控制胰腺分泌，對糖尿病人有益，並有消炎殺蟲功效；另可使血管內凝結小血塊溶解，菌血症黏稠的濃液清化、排除或消炎，但木瓜有收縮子宮的作用，懷孕婦女不宜多吃，而對授乳的母親有催奶作用，對發育期女性具有乳房發育之助益。飯後兩小時食成熟的木瓜讓留在胃中的脂肪與蛋白質消化清除，是使胃休息的健康法則之一，其纖維助排洩及腸蠕動，膽固醇不易吸收過量而影響血管及心臟疾病，亦具美膚及抗老化功效。

胡蘿蔔酵素

　　胡蘿蔔除了含有多種胺基酸和十幾種酵素外，還含有人體許多必需的礦物質，其中如鈣、磷是骨骼的主要成分；鐵和銅是合成血紅素的必備物質；氟能增強牙齒琺瑯質的抗腐能力；其他如鎂、錳、鈷等對酵素的構成，以及蛋白質、脂肪、維生素、醣類的代謝等都有重要的作用。胡蘿蔔中的粗纖維能刺激胃腸蠕動，有益於消化；所含的揮發油則具有芳香氣味，能促進消化及殺菌功效。事實上，胡蘿蔔的各種功效都與其內所含酵素有關（如多種分解酵素、溶菌酶以及轉移酵素等），所以綜合蔬果酵素的生產原料，必定會有胡蘿蔔。

胡蘿蔔酵素

容器

同鳳梨酵素。

材料

5條有機胡蘿蔔約1斤、3顆普通大小有機檸檬、有機紅冰糖200至500公克，視釀造者口味而定。

做法

1. 胡蘿蔔不去皮切片，舖一層在瓶底。
2. 檸檬不去皮切片，舖一層在胡蘿蔔上面，然後蓋一層紅冰糖。再加胡蘿蔔後，重複以上做法。
3. 瓶內只裝8分滿，開始發酵時瓶蓋不要蓋緊，4、5天後，打開瓶蓋檢查沒問題再蓋緊，置放於陰涼處30至40天即可飲用。

製作重點

1 胡蘿蔔、檸檬切片。

2 玻璃瓶中一層胡蘿蔔一層檸檬一層糖。

3 裝至8分滿，最上層為糖。

4 完成後需放置陰涼處待其發酵。

胡蘿蔔的營養價值

胡蘿蔔（carrot）原產於歐洲乾冷高原區，後經由西亞傳到東方國家來，素有「小人參」稱號，是相當重要的一項蔬菜。

胡蘿蔔之所以有「小人參」之稱，其原因有二：一是胡蘿蔔的營養價值豐富，具有藥用效果；二是胡蘿蔔的形狀和高麗人參相似，故得名。

胡蘿蔔有兩個特點：一是含糖量高於一般蔬菜；二是含有豐富的胡蘿蔔素，而這種胡蘿蔔素，卻又是「身價百倍」！美國和前蘇聯科學家都提出一項新科研成果——胡蘿蔔可防癌，並認為這主要是胡蘿蔔素的功勞，因此它已被人們公認為防癌、抗癌物質。

胡蘿蔔素並不是胡蘿蔔所獨有，幾乎所有的蔬菜都或多或少含有胡蘿蔔素。

據營養學家們的科學分析，一分子的胡蘿蔔素可得二分子的維生素A，因之其被稱為維生素A原。每100克胡蘿蔔含胡蘿蔔素3.62毫克（換算成維生素A相當於2015國際單位），大大地超過了刀豆、辣椒或其他種類蔬菜的含量。所以科學家認為，經常吃胡蘿蔔不僅有益於健康，而且在防治腫瘤方面有奇妙的作用。

有關臨床研究證明，維生素A與人體上皮組織的發育有著極密切的關係，如果缺乏，上皮組織細胞就會發生角化，皮膚變得粗糙，抵抗力降低，彈性減退，黏膜易破損、皺裂、糜爛或消氣而成為癌變。癌發生率較高的器官，如胃癌、腸癌、食管癌、肝癌、乳腺癌、肺癌及攝護腺癌，都是屬於上皮組織的惡性腫瘤。根據動物實驗表明，當給予上述腫瘤維生素A治療時，能抑制其發展，並可以使已向癌變化的細胞逆轉，恢復成為正常的細胞。

維生素A雖是人們所共知的抗癌藥物，但是用量過大，也是會中毒的。然而，胡蘿蔔素是天然無毒的，它比維生素A的抗癌力還要優越。同時，胡蘿蔔素能減少咽喉、食管和胃腸等上皮組織的炎症，從而切斷癌前病變。此外，胡蘿蔔素還可以阻止致癌物質引起的細胞突變，能使細胞內的溶酶體破裂放出水解酶。這個酶可以使癌變細胞溶解、死亡，從而促使腫瘤消退。

梨子與奇異果混合酵素

　　奇異果（kiwifruit）原產地為中國，但經由紐西蘭發揚光大，成為紐西蘭的代表性農業產品，且行銷世界各地。奇異果可食部位100公克中含有豐富維生素C，達200毫克以上，也有豐富的鉀（290毫克），碳水化合物有13.5公克，蛋白質1.0公克。酵素種類較豐富的是蛋白酶，其效力不亞於鳳梨或木瓜，將奇異果夾在肉品中，很快可發現肉類會變軟，所以當魚、肉類吃太多時，奇異果有助於消化，並能防止胃部脹氣與灼熱現象，也具增強體能效果，另因奇異果含有較多量精胺酸，所以也有類似威而鋼的功效。

如何自製 # 梨子與奇異果混合酵素

容器

同鳳梨酵素。

材料

梨1個,約200～300公克;奇異果10顆,約1斤左右;普通大小檸檬4粒;砂糖適量,隨釀造者喜好而定。

做法

1. 除奇異果需去皮外,其他材料均不去皮切片。
2. 在玻璃瓶底層先鋪上一層切成薄片的梨和奇異果(同一層),再放切片檸檬,然後才撒上一層砂糖。
3. 重複上述步驟至玻璃瓶8分滿,在最上一層撒砂糖,將瓶口上蓋,待兩個星期後,就可飲用。

製作重點

1 梨、奇異果、檸檬切片。

2 玻璃瓶中一層梨和奇異果一層檸檬一層糖。

3 裝至8分滿,最上層為糖。

4 完成後需放置陰涼處待其發酵。

黨參北芪紅棗枸杞蘋果酵素

蘋果普遍種植於全世界各地，種類已超過一萬種，是一種對人體相當有益的水果，也有人認為「一天一顆蘋果，醫生遠離我」。蘋果100公克可食部分中含有110毫克的鉀，非常豐富，其他較多的成分有食物纖維、維生素C等。蘋果中也有多酚類物質，具抗氧化功效。

蘋果雖不像鳳梨與木瓜般含有特殊酵素，但種類很多，如蛋白酶、脂質酶、纖維分解酶、澱粉酶以及超氧化物歧化酶（superoxide dismutase，SOD）等。

蘋果的食物纖維中也有大量果膠（pectin），可改善腸胃疾病，降低膽固醇，若再加上其他中藥藥材的酵素則更完整。

如何自製

黨參北芪紅棗枸杞蘋果酵素

容器

同鳳梨酵素。

材料

黨參50公克。

北芪20公克。

紅棗50公克。

枸杞50公克。

青蘋果3顆，約500公克；選購外型完美、避免受損的新鮮水果，如果怕水果沾農藥，可在洗淨風乾後去皮，選用有機種植的更合適。

純寡糖漿250CC。

做法

1. 將紅棗切開去核，黨參及北芪剪小段。

2. 青蘋果洗淨瀝乾，切塊後打汁。

3. 把藥材逐一放入瓶中，再將青蘋果汁連渣倒入，加入純寡糖漿後發酵30天。因黨參、北芪屬於根莖類藥材，需要1個月時間才能完全發酵，產生功效。

4. 瓶口以保鮮紙或塑膠袋剪開密封後才上蓋。如用旋轉式的瓶子，則不需使用保鮮紙。

5. 若發現糖分不足，可在兩星期內酵素尚在發酵活躍時加入砂糖，要放置越久的酵素，應放更多糖分，以免酵素變質發臭。

製作重點

1 紅棗切開去核，黨參及北芪剪小段。

2 青蘋果切塊後打汁。

3 藥材逐一放入瓶中。

4 再將青蘋果汁連渣倒入。

5 加入純寡糖漿。

6 完成後需放置陰涼處待其發酵。

減肥用酵素果菜汁

可分成三類：

1.適合全身肥胖者飲用

全身肥胖者是運動量少、脂肪多、筋肉少、大多血糖及血壓高，水分多，因此以分解脂肪能力強的蔬果為主，如番茄西瓜汁、胡瓜蘿蔔奇異果汁。

2.適合下半身肥胖者飲用

下半身肥胖者，脂肪積在大腿及臀部，主要原因是胃不好，消化力弱，所以需要幫助消化的澱粉酶蔬果，如酪梨香瓜菠菜汁。

3.適合局部肥胖者飲用

這種人常是運動→吃太多→減肥的動作反覆進行，導致筋肉間累積脂肪，造成蛋白質與脂肪堆積不均，如有人小腿特粗，肌肉硬中帶軟就是此類，應吃高蛋白酶蔬果，並配合有氧運動，如奇異果鳳梨蘿蔔汁、香蕉胡蘿蔔汁。

番茄西瓜汁

材料

小西瓜1/5個，約200～300公克。

50公克的番茄2個。

做法

1. 西瓜去皮及種子後切成適當大小，番茄切片。

2. 兩者混合加水打成汁液，內含酵素長期服用可去油脂。

胡瓜蘿蔔奇異果汁

材料

中型胡瓜1條約100公克。
蘿蔔1塊，厚5～6公分，約
200公克。
奇異果半個。

做法

將上述材料切成適當大小，胡
瓜、蘿蔔不去皮但奇異果需
去皮，加水打成汁液即可飲
用。

酪梨香瓜菠菜汁

材 料

酪梨半顆，約30～40公克。
小香瓜1/6個，約10公克。
菠菜半束，約5公克。

做 法

酪梨和香瓜去皮及種子後切
片，再加水混合打成汁液飲
用。

奇異果鳳梨蘿蔔汁

材料

奇異果1個，約40～50公克。

鳳梨1/4個，約100公克。

蘿蔔200公克1塊，厚約5～6

公分。

做法

奇異果、鳳梨去皮，蘿蔔不去

皮，均切塊加水打成汁液飲

用。

香蕉胡蘿蔔汁

材料

香蕉1根,約10～15公克。

胡蘿蔔1條,約50～100公克。

做法

香蕉去皮,胡蘿蔔不去皮,均切塊加水打成汁液飲用。

小麥酵素──回春水

　　回春水是利用小麥種子發芽時所誘發的各種酵素與豐富的營養成分綜合而成，長期飲用可抗老化，具回春功能。

如何自製 回春水

容器
瓷碗一個。

材料
有機小麥200公克；選沒有處理過的小麥，有機農場種出的最好。小麥分春麥和冬麥兩種，春麥糖分較高，發酵快；冬麥礦物質高，營養較好，但發酵慢一點，各有所長任選一種，1杯小麥200公克左右可製得4杯共800CC回春水。

做法
1. 將小麥洗淨放在瓷碗裡泡水過夜，注意水要用過濾水，自來水的污染物太多會阻礙發芽和發酵過程，做回春水失敗如發臭的原因，是因為水質有問題。
2. 第二天將水倒掉，用「蓋子或碟子」輕輕覆蓋著碗口，讓小麥發芽兩天，芽長度大約1公分左右。
3. 然後加入兩倍的水，亦即1杯小麥芽、2杯水，放在室溫攝氏25度左右，24小時後即可飲用。

4. 可再加一杯水等二十四小時又可飲用。

5. 第三次加一杯水飲用之後,所剩小麥可當作酵母發酵之原料或作堆肥。

製作重點

1 將小麥洗淨泡水。

2 第二天將水倒掉,用「蓋子或碟子」輕輕覆蓋著碗口,讓小麥發芽。

3 小麥發芽中。

4 待芽長1公分,然後加入兩倍的水放在室溫攝氏25度左右,24小時後即可飲用。

做回春水的理想溫度是在攝氏25度，太冷太熱都不行，氣溫太熱時縮短時間，也許只泡12小時就可飲用，太冷的地方要用保溫的方法，如把電燈放在盒子裡或用厚毯子蓋著。

回春水的味道應說是清甜，或許有點酸，但絕對沒有臭味，如果小麥本身有問題，如放射處理過或水有污染，則不會自然發酵，反而會腐敗，這種情形下，只能做肥料，另換小麥或買過濾水、泉水等，重新再試。

回春水不可加蜂蜜，因蜂蜜糖分很高，會和回春水裡的活酵母發酵，在胃裡形成啤酒，最好不要加任何高糖分的調味。

回春水的營養成分除了小麥本身已有的維生素E，還有維生素C、加倍的維生素B群（包括B_{12}在內）和酵素，一般說法認為吃全素的人會缺B_{12}，動物食品才有B_{12}。

小麥的營養價值

小麥的營養十分豐富，據科學分析，每100公克麵粉含蛋白質9～12公克，澱粉73公克，鈣43毫克，磷330毫克，鐵5.9毫克，此外，尚含醣類（如寡糖）、維生素B_1、B_2、E和澱粉酶、蛋白分解酶、麥芽糖酶、脂質酶、纖維素酶、卵磷脂和鉬等礦物質成分。

關於小麥的藥用，歷代醫藥學家均有研究。孫思邈《千金食治》稱小麥「養心氣，心病者宜食」，《本草綱目》則說它「可止虛汗」。現代科學認為，小麥中含有的維生素E更是眾所周知的一種抗老化良品。

小麥還含有一定量的鉬，科學家研究也認為，鉬與癌之間有一定的關連性。大家都知道，亞硝酸胺是強烈致癌物質之一，可是當亞硝酸胺在人體內遇到鉬以後，它的合成就會被迫中斷；亞硝酸胺不能形成，癌變自然就會得到預防。

小麥種子在發芽過程中，所含的基因會合成酵素，將所貯存的養分（澱粉、蛋白質、纖維素等）分解成小分子，以提供種子發芽。因此當小麥長出胚芽時，酵素量是最高的。

啤酒的製造就是利用麥芽裡的酵素來分解原料中的各成分，其中所分解的葡萄糖經由酵母菌發酵而成酒精，其他小分子分解產物則形成啤酒中的香氣、顏色，並殘留在啤酒中成為其營養成分。

糙米酵素及發芽米

　　以天然穀物（如大麥、小麥、糙米等）為原料，經由發芽及發酵後，由於含有高量酵素，因此成為極為流行的保健食品。

　　以糙米的胚芽混合糠及糖質原料（如蜂蜜），再加上酵母菌進行發酵，因而產生的多量有用酵素，就是糙米酵素。其酵素種類高達40種，其中澱粉酶與作為胃腸藥的酵素相比，活性高了3倍以上，蛋白酶與脂質酶活性也極高。由於酵素與其他營養成分（如維生素E、B$_2$、核黃素等）的功能，使糙米酵素成為酵素療法中主要的治療用生化物質。

　　一般糙米發芽後所成的發芽米也是同樣道理，藉助植物發芽過程時所誘導產生的酵素群，增加營養功能，不過發芽米在乾燥過程中，要避免高溫破壞其中的酵素，最好在發芽後馬上煮來食用（酵素在蒸煮過程中不會百分百破壞，受破壞的酵素所含胺基酸有助於快速使人體內用此原料再度生合成酵素），酵素直接吸收，對人體最好。

如何自製 糖米酵素

 材料
糙米1斤、紅豆50公克、天然鹽1小匙量。

容器
瓷碗1個。

 做法

1. 糙米和紅豆用過濾水清洗後，加水至糙米可完全浸泡程度。

2. 然後以1圈2秒的速度，將糙米向右順時針洗轉8分鐘，此動作非常重要，可左右糙米酵素製作成功與否，依能量醫學觀點，向右旋轉會將氣及對人體有利能量加入其中，若是逆時針方向向左旋轉或省去此項動作則難以行發酵動作，會導致原料腐敗。

3. 接著放入電鍋中，加入比正常煮飯多一點的水進行蒸煮，煮熟後維持在保溫狀態，每天一次翻攪混合，3天後可開始食用。

4. 若要冷凍保存也可以，但解凍時需自然解凍。

製作重點

1 材料：糙米、紅豆、天然鹽。

2 材料混合後加水向右洗轉糙米。

3 放入電鍋煮熟。

4 一天翻攪一次，3天即完成。

如何自製 發芽米

容器

瓷碗一個。

材料

有機糙米。

做法

1. 有機糙米用過濾的水清洗2~3遍。

2. 加水至超過糙米，浸泡約3小時。

3. 水倒掉後以濕布蓋住糙米。

4. 在攝氏40度左右環境中大約催芽15小時，即可得到含大量酵素的發芽米。

製作重點

1 用過濾的水清洗有機糙米。

2 浸泡有機糙米3小時。

3 蓋上濕布催芽。

4 糙米發芽。

如何自製 # 超級黑醋酵素

容器

乾淨玻璃瓶。

材料

純釀造一年以上黑醋350CC、醃漬梅乾2個、乾海帶5公分見方兩片、辣椒2條、生薑2片。

做法

1. 將材料放入乾淨、適當大小的玻璃瓶中。
2. 倒入黑醋。
3. 放置在陰涼太陽曬不到的地方，浸漬約1～2天即可。

製作重點

1 材料：黑醋、醃漬梅乾、乾海帶、辣椒、生薑、玻璃瓶。

2 材料置入瓶中。

3 加入黑醋。

4 浸上1～2天即可飲用。

要訣

　　這是利用某些酵素在酸性環境會活化的原理，使用的黑醋必須是純釀造一年以上，含豐富的胺基酸及檸檬酸等，將此黑醋為基底可得超級黑醋酵素產品。做好的黑醋酵素可直接稀釋飲用，也可淋在生菜沙拉上，或與醬油混合當沾料用，長期飲用對健康有益，這是古中國養生修道者長壽祕訣之一。

如何自製 酵素面膜

材 料

1. 麵粉100公克，高筋、中筋或低筋均可。
2. 前述自製的黑醋酵素少許；檸檬汁5CC。

做 法

攪勻材料後（依個人對面膜濕乾喜好決定黑醋酵素用量），敷在臉上。敷面後10～15分鐘，用化妝棉沾冷水清除面膜。用柔軟的乾毛布，將臉部的水分吸乾，拍上消炎化妝水。有需要的話，再塗上暗瘡用的面霜。（一星期做1～2次）

效 果

酵素具有分解物質作用，故可消除皮膚之污垢，促進皮膚新生，適合護理暗瘡皮膚。

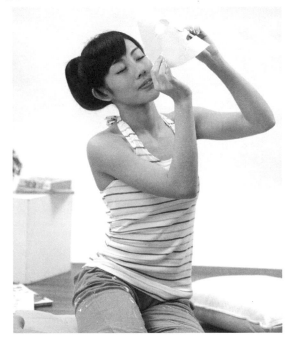

第 **5** 章

使用者見證

酵素能排毒去脂、增強免疫力，
更可消炎殺菌、活化細胞組織，
保護身體不生病。

內分泌（新陳代謝）

減肥、瘦腰圍

1.陳女士，家管，70歲

從不知到有知，原本只想把酵素當作養生的飲品，但在喝了四個多月後，發現自己的體重減輕了4公斤，整個人神清氣爽，體態也變得輕盈不復胖，感覺很舒服。

2.簡先生，公家機關主管，53歲

使用前情形：

平時也沒有覺得自己有什麼「大肚男」的問題，只是試過有效的同事推薦、介紹後買了酵素來保健養生，沒有特別的用意。

使用後狀況：

每天兩杯，喝了4個月或5個月吧，突然發現我的褲腰似乎愈來愈鬆，沒有想到，我的腰圍竟然變小了，肚子也沒了！酵素真的對身上的脂肪，有分解的作用耶。現在我

的腰瘦肚小，周遭的朋友以為我在減肥；其實他們不知道
我只是每天喝酵素而已，沒有其他特別的仙丹或祕方。

3.黃先生，餐飲業老闆，63歲

從事餐飲業三十多年，喜愛喝酒，喜歡甜食，自己又
是個美食主義者。能夠想像我的體型了吧：肥胖、鮪魚
肚，低頭看不到自己的腳尖，是我們這種人的特有樣貌。
工作忙碌的壓力與血液循環不良的狀況已造成我自己身體
上幾次險象環生的事件發生。偏高的血壓與心臟的難以負
荷是我的隱憂。最近我的一位親戚介紹我喝酵素，我當初
以為是果汁。他向我簡單解釋說明了酵素的功能之後，建
議我今後嘗試飲用酵素來調養身體。也許是酵素的水果
甜、水果香與水果酸正符合我自己當時想要排除滿嘴油膩
的需求，因此習慣性每天稀釋酵素在一瓶寶特瓶裡，當開
水喝。想不到半年後，我的體重逐漸減輕。也許在別人眼
裡，我還是很胖，但是自己卻已感覺到「輕巧」了不少，
至於喘不過氣來的情形也改善了很多！現在覺得還可以再
奮鬥個10年才退休，酵素也一定要繼續喝下去。路還很長
呢！

4.蘇小姐，壽險業務，35歲

使用酵素1個月後凸出的小腹不見了，排便很順，皮膚、氣色也變得好看，尤其是經期之前原本會覺得不舒服的感覺也都消失了，讓我整個人輕鬆自在。

5.張先生，企管顧問公司總經理，47歲

十多年來持續研究自然療法幫助朋友恢復機能、抗老化；於3年前開始接觸天然酵素，自身飲用後短短時間，即發現中年發福產生的小肚子，在體重無明顯減輕情況下消失了；同時也運用酵素，協助改善朋友的新陳代謝，使自然調理的成效相當顯著。

6.李小姐，餐飲業行政管理，23歲

使用前情形：

原先並沒有肥胖的現象，後因為準備考試的壓力及喜好速食，經常吃漢堡、薯條及甜點，工作時間長，有晚睡的習慣，導致一「發」不可收拾。

因很難改變飲食及作息，又不想繼續胖下去，因此積極尋求解決之道，恰好有唸食品營養研究所的同學推薦我每餐後飲用酵素，增加代謝的功能。

使用後狀況：

半個月後，已減輕3公斤。

長期疲勞、貧血

楊女士，老師，45歲

我在國小教書，也是3個孩子的媽媽。生活作息有一定的規律，只是長期的辛勞，讓我覺得氣力漸失。血壓本來就偏低，有發覺自己日趨消瘦與氣虛貧血的現象發生。尤其是覺得上課的體力已有力不從心的憂慮！直到半年前在某個教師研習的場合裡，聽聞他人提及酵素能改善類似症狀時，興起我一探究竟的念頭。經詢問醫師朋友的意見後，決定嘗試看看。不過在剛開始飲用階段，我也只是抱持姑且信之的「實驗」心理，並沒有特別將它當作特效藥來看。或許是因為酵素的口感、味道不錯的因素吧，每天習慣性倒來飲用。不知不覺中，我已連續喝了幾個月，最近我突然驚覺原先身體不舒服的狀況都有了顯著的改善！這些應該歸功酵素所帶給我的助力。

掉髮

賴先生，公務員，64歲

使用前情形：

因為掉髮嚴重，經朋友介紹使用酵素。

使用後狀況：

經過幾個月的時間，有改善頭髮脫落的效果，不再嚴重掉髮，欣喜之餘，自己又介紹其他友人使用酵素。

痛風

黎先生，業務主管，50歲

使用前情形：

我之前是絕對不敢喝高湯、吃豆類或菇類食品。大快朵頤後，我一定會中獎，受到痛風的折磨。手根本不能舉起，腳也無法走路，只能用藥或秋水仙素來幫助我減輕痛苦。出門應酬我一定帶藥在身上，隨時應對身體對我飲食上不注意的抗議。其實我也很小心地選擇我的用餐內容，畢竟痛苦是我自己。有一天，在社區大學教授營養課程的朋友告訴我，酵素對我目前的困擾與問題會有所助益，送了我好幾瓶。我拿它當飲料喝，一天起碼喝上一大壺，持續有3個月。

使用後狀況：

我要試試看，我的痛風情形是否真如他們所說有所改善？我拿花生當零嘴，其實這是我以前的禁忌。有痛風的朋友一定知道，花生是不能碰的！那天我吃完花生，居然沒有以往的問題。

連續幾天測試下來，痛風的情況真的沒有再發生，甚至我喝高湯也沒有問題了；看來，酵素真的能改變體質，我是受益者。

腹瀉、內分泌失調、冒冷汗

趙先生，電子工業工程師，28歲

　　在股票上市的電子公司上班是一件令人稱羨的事，然而，在光鮮的背後卻也有極大的工作壓力是不為人知的。白天工作緊繃，夜裡猶自不斷進修而熬夜，生活作息很不正常。在這個情況下，只不過短短幾年的光景，已讓自己的身體漸感不適；經常性腹瀉、內分泌失調、冒冷汗等現象接踵而來。一位同事的父親知道我的狀況，勸我每星期要有一定的運動量並喝酵素保健，雖然我還是沒有什麼時間可以運動，但至少我有持續喝酵素，並明顯感覺到身體的狀況有改善許多！這是我的「經驗談」，希望酵素也能幫助其他更多的人。

甲狀腺亢進

王小姐，會計，45歲

因甲狀腺亢進，服西藥2個月後出現月經異常、抽筋、蕁麻疹、白髮現象。經建議使用高稀釋酵素法調養身體，1個月後指數明顯下降，生理期恢復正常。經過半年酵素療法，經抽血檢查指數正常，現仍持續維持中，狀況良好。

更年期

王小姐，倉管，50歲

更年期出現的熱潮紅、冒汗失眠現象，已持續半年。經補充酵素後，不僅更年期所產生的不適現象改善許多，原已出現乾燥老化的皮膚，明顯的反應細緻、紅潤，體力充沛不再自覺沮喪、年華老去。

肝膽胃腸

酒精肝、高血脂、高血糖及高膽固醇

張先生，公務員，40歲

　　求學階段為一名優秀的運動員，外觀身強體壯、充滿活力。在預防醫學的理念下，做了第一次的體檢。檢驗報告出來後，發現酒精肝，血脂肪、血糖及膽固醇都有偏高的情形。不得不承認自己的飲食習慣與生活方式出了問題，找了有關醫學、健康的書籍研讀後，開始以酵素調養身體，經過3個月的養生，再次檢驗的結果發現，所有的指數均恢復正常。

胃潰瘍

陳太太，家管，58歲

　　胃潰瘍15年病史，服用酵素後，自覺改善許多；3個月後經醫生檢查，病情減輕，已無不適。現依醫囑減藥中，並以酵素保健，調養身體。

便祕

陳小姐，家管，36歲

使用前情形：

便祕的情形已經有很多年了，以往一個星期排便的次數多在兩次以下，心裡很不舒服，常常會擔心，是否身體有什麼其他毛病，不但中西醫都看（醫生都說一切正常），蔬菜水果更是經常食用，但是便祕依然困擾如昔。

使用後狀況：

自從服用酵素後，經常性的便祕確實明顯改善，目前一天排便的次數最少有一次，有時還會一天兩次。雖然對別人而言沒什麼了不起，但是每天順暢的排便，真的很舒服，同時心裡的莫名壓力也消失了。

宿醉

1.王先生，公司負責人，59歲

使用前情形：

平時參加扶輪社會議或重大場合中，都必須要因應氣氛需求，喝上幾杯。本來酒量就不好，往往會讓自己受到酒後折騰的苦惱。

巷口社區藥局的藥師告訴我酵素能幫助肝臟代謝酒精，也能避免第二天起床後宿醉的頭疼，所以從他那兒買了酵素。一晚，扶輪社友介紹高粱酒，大家開酒品嚐。因

為事先沒有預作準備，那晚喝了很多。當然自己會最清楚將要發生的狀況，回家趕快喝上兩杯酵素，希望能有醒酒的功效。

使用後狀況：

真的很訝異酵素有醒酒的功能；第二天，我也沒有宿醉的痛苦。

2.楊先生，商，38歲

使用前情形：

以往因為工作性質、業務的需求要經常應酬喝酒，特別是台灣特有的「續攤」文化，不但如此，更在席間喝下不同的品牌，不管酒精濃度低或高，也要在趕場中「呼乾啦」。如此生活長期下來，造成身體的損傷，更是不在話下。而酒後的宿醉傷害，無疑是一直無法揮去的陰影，頭痛、嘔吐如家常便飯。此時除了止痛、補給營養品與休息外，似乎沒有其他方法。

使用後狀況：

服用酵素後，宿醉對身體的傷害確實有非常明顯的改善，以往酒後的種種不舒服現象也消失了。不但如此，隔天上班也不會精神恍惚或需要休息才能恢復體力，現在這些難過的窘態已減輕不少。

3.張先生，企管顧問，47歲

使用前情形：

工作壓力大，要經常東西往返、南北奔波，長期外食，精神不振。

使用後狀況：

喝酵素之後，精神變好，體力也恢復得不錯。原本有的腹脹感消失，小腹也變小。尤其在交際應酬喝酒的時候，酒精不進肝（酵素能幫助肝臟代謝酒精），不會讓我有酒醉後造成宿醉的痛苦。

鼻子、皮膚、口腔

打呼、鼻子過敏

1.吳小弟弟，學生，13歲

使用前情形：

8歲開始，睡覺就會打呼、流鼻水，到11歲愈來愈嚴重，晚上都睡不好，上課沒精神。92年至醫院動鼻喉手術，經過半年不到症狀又開始，只好再到醫院求診。由於年紀太小，醫生不建議接續開刀，先吃藥抑制，經過兩個多月，病情未見好轉。

使用後狀況：

經服用酵素一個多月，鼻水沒有再流，打呼聲也小了很多，睡覺也比以前安穩，同時成績的進步更是明顯。

2.陳小妹妹，學生，9歲

使用前情形：

從5歲開始，長年流鼻水，看來看去換了好幾家醫

院，幾乎天天在吃藥，醫生都說是過敏引起的，嚴重時就得請假，到了晚上常常要起來擤鼻涕，也因此學校的課業都跟不上，要請家教來輔導補習加強。

使用後狀況：

服用酵素後，精神變好了，長年引起的過敏也明顯減少再發作，同時不再流鼻水。人緣變得更好，更重要的是功課進步，也活潑快樂多了。

3.王小妹妹，學生，15歲

從小過敏體質，舉凡鼻子過敏、氣喘、異位性皮膚炎，一直困擾我的成長過程。尤其升學的壓力、睡眠不足的情況，過敏的情形日漸嚴重。媽媽非常的擔憂，在有機店的熱心推薦下，嘗試以補充酵素的方式調整體質。兩個月後，我的情況有大幅改善，同時也覺得免疫力有增強耶。學校同學在流行感冒，我沒有被傳染。飲用酵素半年後，氣喘的問題也有明顯的好轉，不再發病。媽媽真的好高興，這都是歸功於補充酵素的結果。

長疹子

蔡小姐，祕書，56歲

兒子原本皮膚不好一直長疹子，在喝綜合酵素後有明顯改善，因為酵素可增強免疫力，睡眠品質好，腸胃消化

佳，所以全家人都喜歡喝，並邀朋友一起團購飲用。

脂漏性皮膚炎

林先生，電子業，27歲

使用前情形：

目前在台南科學園區的電子業任職設備工程師，因工作關係，需要輪值夜班，在長時間的日夜顛倒下，三餐不正常，加上本身偏食，不喜歡吃蔬菜水果，身體的抵抗力愈來愈差，嘴唇下方出現紅腫、脫皮、發癢現象，經皮膚科醫師診斷，為脂漏型皮膚炎。醫師告知，造成脂漏性皮膚炎的主因雖是男性荷爾蒙分泌過多所造成，但與日常生活習慣、洗臉方式、飲食起居都有非常大的關係。

使用後狀況：

食用酵素產品之後，紅腫、脫皮、發癢現象的症狀已經明顯改善，整個人也不會因為不正常作息出現體力不濟的情況，精神好多了。

感冒、嘴破

1.呂太太，商，37歲

使用前情形：

一出現感冒徵兆時，心裡就很難過，因為一定又要感冒了，全身上下都不舒服，常常會擔心接下來的生活又要

面臨一團亂，因此只要稍微一有症狀，就趕緊去看醫生。這種情形已經如影隨形，跟了我好幾年了，為了改善這種容易受感染的體質，我試了很多方法，直到擔任營養師的親戚向我大力推薦酵素。

使用後狀況：

當時抱持懷疑的態度，酵素真的可以保健嗎？因此姑且試試看。巧的是，食用酵素前，多年來不時造訪的感冒徵兆又出現了，此時趕緊服用酵素，之後幾天，居然沒有感冒。當時心裡便想，或許巧合，或許此次感冒病毒並不嚴重。然而一段時間後，因工作的壓力與勞累，又出現感冒傾向了，想不到，還是沒有感冒。因此我確信，服用酵素真的能夠保護身體，抵抗疾病。

2.洪先生，科技業，42歲

使用前情形：

由於從事高科技工作，成天與電腦為伍，常常加班到三更半夜，精神狀況不佳，抵抗力較差，容易感冒，而且一拖就是好幾週；另外如果不小心嘴破時，常會造成潰爛，疼痛不堪，往往需要兩週以上才能痊癒；後經對酵素有研究的朋友介紹，開始服用酵素。

使用後狀況：

有次刷牙時不慎刮了約2公分的傷口，當時第一個反

應就是趕緊服用酵素，結果短短4天時間，傷口就完全癒合，而且在過程中不會出現以前腫疼的情形，幾乎是在不知不覺中就好了；另外，體力明顯比以前好很多，加班熬夜後隔天仍然精神百倍，而且睡眠品質很好。還有感冒的次數減少，即使不小心感冒了，差不多幾天就好了，不會有以前一拖就兩、三週的情形。

胸悶與咳痰

吳先生，已退休，73歲

使用前情形：

本人是肉食主義者，長年偏食又不喜歡吃蔬菜水果；同時菸不離口，每天早上一起床總會胸悶與咳痰；長年便祕；白天較容易疲勞，晚上又常睡不著；若是天氣一變化，就很容易感冒，因此脾氣也比較暴躁。

使用後狀況：

服用酵素後，早上起床時胸部不再有鬱悶的感覺，也不再咳痰，同時排便也順暢了，比較好睡和熟睡，白天精神相當好，最明顯的是菸癮愈來愈小。

口乾、口臭與口腔潰爛

1.林先生，退休公務員，70歲

使用前情形：

退休前公務繁重，除了擔任單位主管，更須肩負專案的主持工作，時常各地奔波勞累，還要熬夜完成專案計畫報告，所以體力漸漸不堪負荷外，也經常發生口乾、口臭及口腔潰爛情形。當然，為了減少及避免這些症狀，也服用了多種的健康食品及維生素，但是效果總是有限。然而自退休後，沒有以往的負擔，可是症狀依然存在，讓我不堪其擾，身心俱疲。

使用後狀況：

自從服用酵素後，除了明顯改善經常發生的口乾、口臭，體力也好了很多。

更讓我訝異的是，口腔潰爛的情形，竟然不藥而癒。

2.黃小姐，人力資源，36歲

使用前情形：

有嚴重口臭，因此不斷喝水，希望沖淡不悅的味道，另外還有便祕問題與暴飲暴食的習慣；過去一直持續食用直銷之營養與健康食品，但對上述狀況沒有顯著的改善。

使用後狀況：

每餐飯後稀釋酵素飲用，目前仍感覺不時還有口臭的現象，但最大的改變是排便順利多了，而意外的收穫則是上腹凸出的現象明顯消失。

痠痛

頭痛腰痠

賈小姐，貿易業祕書，51歲

使用前情形：

年過半百，雖沒有什麼大毛病，但用了50年的身體零件，也不免有時這裡痠、那裡痛。直到有一天，陪朋友去聽了一場免疫學博士主講的健康資訊講座，了解酵素對生命的重要性，才讓自己警覺到身體已經藉痠痛發出一些無言的抗議，是該好好去保養與愛惜自己的時候了。

使用後狀況：

喝酵素一年之後，氣色精神都變得不錯，原本會頭痛腰痠的我，症狀都減輕了甚至於不再復發。

腰腿無力、肩頸痠痛

李太太，代書，58歲

使用前情形：

　　我常常腰腿無力及肩頸痠痛，並有臀部與下腹肥胖，下肢靜脈曲張、腫脹現象。

　　嘗試以經絡疏通療法，改善肩膀、臀腿下肢異常肥厚及靜脈曲張的狀況，但效果不如預期，親身體驗過酵素好處的朋友於是建議我飲用酵素試試。

　　使用後狀況：

　　飲用酵素一段時間後發現腰部兩側及膝蓋後方外側異常肥厚部分，有明顯軟化且減小的現象，同時腰腿無力、肩頸痠痛的不適感覺也得到紓解。

全身疼痛、下肢腫脹

謝小姐，資訊科技公司製程主管，46歲

　　使用前情形：

　　因為全身疼痛、偏頭痛及下肢腫脹，而且異常疲倦，所以時常去按摩但一點效果也沒有，還是很累。

　　長時間工作及作息不正常的生活狀況導致身體失衡，這樣下去不是辦法，決定自己去詢問營養專家及閱讀健康書籍尋找保健方法，後選擇酵素持續飲用。

　　使用後狀況：

　　喝酵素兩週後，小腹及臀腿明顯瘦下來，精神狀況也有改善，整個人的體力較之前增強，也不會天天喊累了。

第 6 章

常見酵素問題

酵素無副作用並可調整生理機能，
腸胃好的人可以空腹喝，
全身不舒服卻檢查不出毛病的人
應該常常喝。

Q：生機飲食是獲取酵素最好的方法嗎？

A：生機飲食是指不吃經農藥、化學肥料、化學添加物和防腐處理或污染的天然食物，也就是多吃未經烹煮的新鮮動植物。依進食方式可分為完全生機飲食、部分生機飲食及中庸式生機飲食三種。

完全生機飲食強調至少50％的飲食採用生食，而且是完全素食，也就是說日常飲食排除禽、畜、魚等肉類，亦不含蛋類、乳類及其製品，完全生機飲食的主要目的在增加包括酵素在內營養素的吸收，清除體內毒素進而達到治病的效果，甚至斷食療法亦為療程的一部分，以加強排毒的效應。

生機飲食是獲取酵素的方法之一。

部分生機飲食也有著完全生機飲食的精神，仍然採用完全素食，但是不刻意強調生食。

中庸式生機飲食則在於選用無污染的動植物性食物，不強調素食，飲食中可併用深海魚及少量有機白肉、有機蛋或乳製品，減少烹調用油量，避免油炸、油煎或酥油（反式脂肪酸精製油）的高油烹調方式，改用清蒸、水煮或涼拌來食用。

生機飲食是否可治療疾病，尚未有臨床上的科學證據。科學證據指的是至少有兩組同期癌症或其他相同病症的受試者，一組給予生機飲食，一組則食用一般飲食，觀察一段時間後比較其腫瘤大小、血液生化值或免疫功能等的差異。此類人體試驗事實上不易進行，因為試驗期間也許需要中止其他的醫療行為，才能證明生機飲食是否真正有效，更何況人只有自己是條件完全相同，並沒另一複製人可供對照試驗。

生機飲食者強調生食的論點，是基於食物中含有多量酵素及胺基酸，酵素為人體新陳代謝所需，胺基酸是構成人體細胞的主要成分之一。生食可以百分之百吸收酵素及胺基酸，熟食則破壞了食物中的營養素。

蛋白質經適當加熱後雖然可以加速消化，但過度加熱則反而使其消化困難。再者，酵素的本質為蛋白質，食物中的酵素如同蛋白質必須經過水解為胜肽及胺基酸，腸道

才得以吸收，人體再利用吸收的胺基酸合成身體所需的酵素及蛋白質；如果人體直接吸收未經消化水解的蛋白質，便會發生過敏反應。

豆類食物中含有抑制胰蛋白酶的成分及血球凝集素，如果生食豆類將使小腸中胰蛋白酶的作用受阻，蛋白質的消化受干擾，血球凝集素則會破壞紅血球使得血球攜氧量降低；加熱可以破壞這兩種成分，提高豆類蛋白質的利用率，所以生食並不一定可以獲得較高量的營養素。

生食另一個潛在性的問題是，由於植物栽種時未施用農藥，常有寄生蟲或其蟲卵藏於植株，若未清洗乾淨即予生食，輕則發燒、噁心、嘔吐，重則影響神經系統，甚至引致腸胃穿孔，有時還會有蛔蟲寄生在腸內。

蔬果中含有多量的天然抗氧化劑，如維生素 E、β－胡蘿蔔素及茄紅素等。這一類抗氧化劑屬於脂溶性，亦即在少量油的存在下可以使其吸收率提高數倍；如果只是生食，其吸收率是相當有限的。

不吃任何動物性食物的完全素食者，如果只攝取蔬菜、水果及穀類，則易造成蛋白質缺乏，或是攝取的蛋白質所含的胺基酸比例不均，造成蛋白質利用率大減。臨床上常可見到因為罹患癌症而不當使用生機飲食，造成免疫力降低使身體易受感染，也因為沒有足夠的體力及免疫力，使得正統治療無法繼續。由於飲食排除了乳類及其製

品，使「鈣」的攝取量不易達到每日1000毫克的標準。維生素 B_{12} 僅存在於動物性食物中，完全素食者無法由飲食中得到足夠的建議量，因此長期吃素時，可能需要定期注射維生素 B_{12} 補充。

由於生機飲食可攝取到高纖維，有助於促進腸胃蠕動，預防大腸癌及慢性疾病，但是纖維在腸道中會吸收水分產生膨脹效應，對於腸胃道手術後或腸胃功能不佳者，可能會有腹脹、脹氣的現象。過量的纖維會干擾食物中鈣、鐵及其他礦物質的吸收，因此貧血、骨質疏鬆者，以及正在服用鐵劑、鈣片或其他礦物質補充劑時，不宜和大量的纖維同時食用。

生機飲食特別強調飲用精力湯、回春水及其他多種蔬果汁。對於慢性腎臟衰竭及因腎功能衰竭需要透析（洗腎）治療者，多量的水分及高鉀含量的蔬果汁，反而會影響水分在體內的滯留及透析治療的效果，甚至造成心律不整而危及生命。許多腎臟衰竭的病友需要服用鈣片來降低食物中磷的吸收，而全穀類食物、堅果、豆類及酵母含高量的磷會造成腎性骨病變。

對於心臟衰竭、血液循環不良或肝硬化有腹水者，因為使用利尿劑，對於水分的攝取需加以控制，亦不宜飲用大量的精力湯或其他蔬果汁，以免影響治療。苜蓿芽是生機飲食中常用的素材，其中的大豆胺基酸會促使紅血球破

裂引起貧血，更加重紅斑性狼瘡病友自體免疫的潛在問題。

中庸式生機飲食，也就是說在每周飲食中至少有3次的魚類攝取，另外可加入有機蛋、有機肉及乳製品。選用的肉類必須是白肉，不吃豬牛羊3種紅肉，而且選擇橄欖油、芥花油或茶油做為烹調用油。其次，每天至少2份的水果，3種以上的蔬菜，以五穀雜糧取代精白米或白麵包。如果是純素食者須注意廣泛攝取多樣的食物，避免營養不均，而且一餐中須同時包含五穀類和豆類，因為穀類較缺乏離胺酸，豆類則缺乏甲硫胺酸及胱胺酸，兩種食物同時食用則可取其胺基酸互補的功效；此外，每周食用4至6次堅果類以補充蛋白質及單元不飽和脂肪酸，飲食中添加酵母可補充維生素B群。

任何事情都有正反兩面，以補充酵素立場來看，生食最有利，但也必須注意另一面的影響。

Q：食用酵素對人體會有副作用及不良反應嗎？

A：酵素能調整全身機能這種效果，相當於中藥所說的上藥。中國藥學古籍《神農本草經》中，把藥草分為「上藥、中藥、下藥」三類。簡單講就是——

上藥：以長生不老為目的，可以全面調節與提高身體

的生理機能。

中藥：以保持健康、治病救人為目的。

下藥：只用於治療，可以直接抑制疼痛和發炎，不過副作用明顯。

如果對日常所用的機能性食品與藥品分類，酵素可說是上藥中的上藥，其他的健康食品、機能食品如人參、蜂王漿、杜仲、螺旋藻等也當屬上藥。

中藥包括家庭常備的胃腸藥、便祕藥等。下藥包括現在醫療所用的大部分藥品，如高效抗癌劑、固醇類、治C型肝炎的干擾素等。人們都知道這些藥的副作用很可怕，但是為了治病，又不得不用。

現代醫學對上藥也很注意，並有一個專用名詞，稱為「機能調整劑」。滿足以下條件的藥，就可以稱為「機能調整劑」。

1. 無毒性。

2. 不是作用於特定臟器的。

3. 具有使生物機能正常化的作用。

具體來說：1項是沒有副作用。2項是對全身作用。3項是提高身體之機能，也就是說使得人體本來就具有的自然治癒力恢復並發揮功能。

服用酵素之後身體狀況可能會發生變化，這是與副作用極為類似的「好轉反應」，又稱「瞑眩反應」。好轉反

應是身體朝好的方面轉變所呈現的短暫、過渡現象，可能會有一段時間出現一種不舒服的感覺，但絕不是副作用。

吃了「機能調整劑」以後，體內的機能開始受到調節，有問題的部位漸漸轉變。在這個時候，因為人體長期處於一種病態，各種適應已習慣，而一旦發生變化，就會產生一種不舒服的感覺，引起輕微的拒絕和抵抗現象。其實只要過了這個時期，一切都會變好。好轉反應是身體轉好的信號，也是身體康復的分歧點。

初次服用中藥或酵素等機能性食品的人，容易出現一些好轉反應的症狀。

1.疲倦、發睏

這種現象叫弛緩反應。在用過酵素的人中，有這種反應的特別普遍。尤其是慢性病患，在有病的部位機能恢復的時候，原來的病態平衡被打破，容易有上述反應。此時，不要停止服用酵素。當然如果反應較嚴重，或持續時間長，就有必要諮詢醫生做檢查。

2.便祕、下痢、疼痛、出汗等現象

這些稱為過敏反應。有這種反應的，在所有用過酵素後出現的好轉反應現象中占20％左右。一般而言，比較穩定的慢性病，症狀不是特別厲害的人，當用了酵素以後，開始出現好轉，與疾病之間的關係呈現為明顯白熱化。在這個時候，恢復的力量產生反彈，所以會出現以前的症

狀。

3.腫瘡、發紅、發疹、眼屎與尿色改變

此種為排泄反應。在酵素的作用下，體內積聚的舊有廢物、毒素被分解，從皮膚排泄出去時所呈現的症狀。

4.疼痛、發燒、噁心、腹疼

此種為恢復反應，主要是血液循環系統恢復時表現出的反應。原因是血流和瘀血的部位開始出現順暢流動的表現。最好要經過醫生診斷；如果反應較強，或時間太長，就應該減少用量，或暫停服用。

5.沒有任何反應

在使用酵素的人中，有將近3成是「沒有什麼反應」或「可能有反應，但沒注意」。好轉反應是因人而異，具個體差別的。病人的反應除以上幾類以外，還有很多。反應快的，吃下去後立刻就有感覺，慢的要3、4個月，一般在2個星期左右。好轉反應消失的時間也不同，一般在服用3、4天，到2個星期不等。

好轉反應的表現形式與病人的病症、環境、體質等有關。如果反應時間長，或反應劇烈，最好請專業人員評估一下，可減少或停止使用；如果有疼痛現象，可停用一星期以後再重新開始。

一些輕微反應若在胃腸、臉部或正接受治療的病人，只要是不太痛苦且想繼續飲用的話，請依下列原則：假如

出現輕微反應，減少服用分量一半，若仍出現反應，那就只取其1/3。依經驗，減半分量後，大都不會再出現任何反應。如有任何反應，就請繼續服用2、3天以便觀察結果。如果情形有所改善，就恢復原來分量，當然要以循序漸進原則來增加分量。依使用者的經驗，10人中有8人在7或10天左右就能恢復到原來分量，此後就無任何反應出現。從這些經驗裡，不難了解所謂「反應」也是治療過程中重要的一環。體質特異的人，如進行飲食的改善並依上述飲用原則實行的話，斑疹的現象就不會發生。輕微反應現象也對身體沒什麼妨礙，少量飲用就不致引起嚴重嘔吐、拉肚子、腹痛、悸動或全身出疹，毋需擔憂。

Q：什麼人需要補充酵素？

A：自從酵素被廣泛使用以來，不論是美、英、德、日、蘇、義、韓以及台灣，已經發表的論文、人體臨床實驗，都有數百篇之多，均高度肯定這項天然的營養品，而且效果極佳。酵素決定壽命說，更是近年來研究證實的大震撼。

酵素不僅是維持生命的根本，更是生命的原形。自然界的植物，從開花、結果、落葉、腐化，以及動物的消化吸收過程，無一不是酵素在發揮作用。如果酵素失常，那

麼消化、解毒功能都將停擺。因此，每一個生命體都應當依其所能維持生命延續營養的需求來補充酵素，方能身心健康延年益壽。

一般而言，成長中小孩、年紀大、病患以及運動員等最需要經常食用酵素產品。因為成長中小孩若是先天體質不好者，可以服用酵素來改變體質，另外，小朋友喜歡的西式速食，大都缺乏脂肪酶、澱粉酶和蛋白酶等有助消化的酵素，而使小孩容易有過敏、超重、便祕、疲倦等症狀。年齡漸長，體內酵素含量減少，可以盡其所能補充酵素，延緩老化。再則病患對酵素的消耗量大增，因此想改善病情，補充酵素一定有效。

至於運動員，酵素消耗量原本就比常人多，且大都熟食，所以更需大量補充酵素。

有下列情況的人也需經常服用酵素：

1. 希望改善體質、增進健康，及恢復健康的人。

2. 免疫性差、抵抗力弱，很容易感染疾病的人。

3. 手術前後的病患。

4. 產前產後的婦人。

5. 肝臟功能不良、容易疲勞的人。

6. 神經衰弱、性能力失調的人。

7. 腸胃不好的人。

8. 精神不振、經常昏昏沉沉的人。

9. 未老先衰、體弱多病的人。

10.懷疑自己患有各種不明疾病，覺得全身都不舒服的人。

Q：為何小孩更需補充酵素？

A：一般而言，發炎反應是指人體對於入侵的感染病原體以及抗原所產生的一種反應。簡單的說，就是體內組織或器官、系統受到傷害，或有異物侵入，因此體內的防禦機制起而對抗，設法將入侵物質消滅，因此產生一連串的過程，就是發炎反應。孩子抵抗力較弱，所以在生病發燒時，免疫系統需要大量酵素來幫助體內排除異物或病菌。因此，讓孩子多多補充酵素是最佳的營養供應良方。

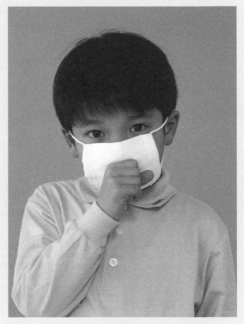

孩子抵抗力弱，需要酵素活絡免疫系統。

Q：何謂酵素療法？酵素高稀釋法？

A：酵素療法（Enzymatic Therapy）：利用補充酵素來改善疾病就是酵素療法，例如類風濕性關節炎可能是由於小腸無法處理蛋白質而形成的一種代謝失衡疾病。從小腸黏膜萃取的酵素對類風濕性關節炎、退化性關節炎及脂肪纖維炎，有良好的成效。大部分癌細胞缺乏酵素，正常細胞為了維持功能運轉，必須提供營養素，但只有充足的營養素是不夠的，身體需要代謝性酵素把這些營養素轉到血液、神經、器官和組織中，以額外酵素補充來幫助消化則會有足夠的酵素活力使細胞正常的運作。

酵素高稀釋法：病後補充優質酵素，希望身體儘快恢復健康時，可將酵素依狀況稀釋飲用，慢慢讓身體細胞修護運作起來，功效較佳。

Q：酵素什麼時候喝最好？一天喝幾次？
一次要喝多少？怎麼稀釋？

A：這些問題都沒有標準答案，因生物是活的，存在很多變數，如先天遺傳因素及日常生活習性等，所以對甲來說一天喝稀釋10倍酵素液一次就覺得有效，但乙一天喝3次原汁仍覺得無效，這就是所謂個體差異。

Q：一般酵素會受高溫破壞，在強酸環境（如胃酸）下也會減低其效用，真相如何？

A：酵素有其安定環境範圍：

1.適當溫度：熱安定性

酵素在正常情況下是不耐熱的，溫度過高會破壞它的結構與功能。

大部分的酵素約在攝氏50度開始熱變性，溫度越高時變性速度越快，活性急速減低；酵素在不降低活性而保持安定的溫度稱為安定領域或溫度安定領域，安定領域因酵素種類而異；通常酵素在低溫比較安定，大部分的酵素凍結也很安定，可藉冷凍乾燥粉末化來製成商品，並凍結水溶液而長期間保存。但水溶液狀態若在攝氏0～4度長期間保存會逐漸變性，並被微生物污染，遭微生物產生的蛋白酶破壞。另有一些酵素在低溫下反而會變性而失去活性。在高溫方面，大部分酵素在攝氏70度時會完全失去活性，但目前也有能耐攝氏100度以上高溫的酵素，對熱安定的酵素在工業生產上相當有利。所以酵素製品在運輸與貯藏過程中要特別注意溫度問題。

2.適當酸鹼：pH安定性

酸鹼值（pH值）表示氫含量的多寡，溶液裡的氫濃度愈高，酸度愈高；酸鹼值的範圍是1～14，1～6是酸度，1

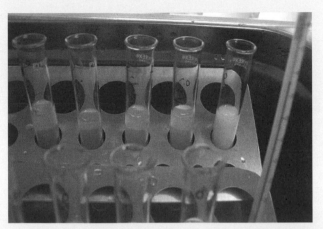

實驗室中進行的酵素反應實驗。

是極酸，6是弱酸；7是中性，8～14是鹼度，數值越大鹼度越高。

　　人體的消化液酸鹼值不一，一部分蛋白質的消化在胃進行，胃會分泌pH值1～4的鹽酸和消化液。當蛋白質和其他食物消化後，變成半液態的食糜，再慢慢通過小腸。酸性的食糜在十二指腸中，會被含碳酸氫鹽電子的胰臟分泌物中和，此時pH值在7～8，這個過程很重要，因為胰臟及小腸中的酵素在鹼性環境下活性最強。

　　胃會分泌胃蛋白酶，並開始消化蛋白質食物。胃蛋白酶只在酸性的消化液中活動，進入小腸後，鹼性的胰臟分泌物會阻礙胃蛋白酶的作用。此時，小腸的胰蛋白酶（胰臟分泌），可以取代胃蛋白酶未完成的工作。所以，人體在酸性環境的胃裡消化蛋白質，然後在鹼性環境的小腸裡

進行後續工作；而胰臟所分泌的澱粉酶和脂肪酶會進入小腸，消化脂肪及碳水化合物。由人體消化過程，可知酵素與酸鹼值的關係。

對大部分的酵素而言，弱鹼性仍是最適合發揮作用的環境。因此，在日常生活中，可多攝取蔬菜、海藻類等鹼性食品，維持弱鹼性的體質，使酵素能發揮完全的作用。

一般市售酵素產品若是沒經特殊技術處理，則會因胃酸低pH值環境而被破壞，但比例不高（低於5%），是在可接受範圍；所以價格貴好幾倍，宣稱耐酸的酵素其實實質意義不大，但醫用酵素均以注射方式以確保百分之百效果。

近年來也有研究指出，體內酵素和胃蛋白酶最適合在pH值1.5～2.5中作用。一開始胃的消化pH值是3～4，此時，胃蛋白酶無法發揮最強的消化功能；換言之，在胃消化之初，胃蛋白酶幾乎沒有什麼作用，直到食物吃完後30到60分鐘，胃裡的酸度增強，胃蛋白酶的功用才愈來愈強。

有些酵素如鳳梨酵素在pH值是3～8的環境下活性最強，不僅在酸性同時在小pH值的鹼性環境下，也能消化蛋白質。這說明了胃酸並不會殺死所有的酵素。

另一個容易誤解的是，胃只會分解部分的蛋白質，而脂肪和碳水化合物要在有胰蛋白酶的小腸才會被消化。

其實，植物酵素已經確認能在pH值範圍較廣的環境下活動，並帶動胃和小腸先消化澱粉和脂肪的活力。這不僅僅是指蛋白質類的酵素，還包括了消化脂肪及碳水化合物的酵素。

Ｑ：單一酵素與綜合酵素的功能。

Ａ：細胞吸收「新鮮」營養素，排泄「陳舊」廢物的過程叫新陳代謝。在這個過程之中，有一個重要的催生者，那就是「酵素系統」。生命的存在，是藉著體內的代謝反應，不斷的運作而維繫著。當新陳代謝系統停頓或不正常時，我們就會感覺到不舒服、疲倦的狀況。

每一項新陳代謝都有其專屬的酵素因應需求，人體內的酵素亦有成千上萬種。酵素對溫度極為敏感，當人體發燒、體溫上升時，酵素就會受到破壞，使人們呈現倦怠、有氣無力的反應，嚴重者連意識都會變得模糊起來。

在酵素的命名發展史中，最先是在酵素作用的「基質」（或稱受質，也就是反應的原料）名稱後面，加上「酵素」來命名。因此，我們常聽到的一些消化酵素，例如：澱粉酵素、蛋白質酵素與脂肪酵素，指的就是酵素所作用的特定對象。後來才慢慢進展到以酵素所催化的化學反應類型來命名，例如與老化有關的「SOD」，就是一種抗氧

化能力很強的抗氧化酵素，被用來協助消除對人體有害的過氧化物——「自由基」。

　　天然食物是由許多的營養成分集合而成，為了使食物中的營養素能釋放出來，以供給人體吸收利用，食物要先經過咀嚼的程序，變成碎塊以方便消化酵素作用。由於熟食的習慣，人體無法利用食物中原有的酵素，因此必須由人體自行分泌。但隨著年齡的增長，分泌酵素的能力會逐漸下降，因此造成許多老人家的消化問題。多吃生的蔬菜水果，除了補充醣類、維生素、礦物質之外，亦可補充酵素來降低身體的負擔。

　　在分解酵素中，蛋白質酵素是最受人們重視的。人體的肌肉，不是直接由我們所吃的牛排、雞胸肉、蛋來組成，而是將蛋白質分解成胺基酸，在人體內重組而來。蛋白質酵素像是一把刀子，將蛋白質切割成我們可吸收的小分子，就好像我們吃牛排需要牛排刀一樣。常見的木瓜與鳳梨中，含有豐富的蛋白質酵素，可是我們無法每餐都吃木瓜和鳳梨，此時一些替代性商業產品就因應而出，「木瓜酵素」、「鳳梨酵素」就是最好的代表。

　　全方位的酵素產品，應包括可分解蛋白質、醣類、脂肪三大營養素的酵素，最好還含有其他酵素，例如抗氧化酵素，對於一般人保健而言才是最佳的選擇。在發酵工業發達的日本與台灣，都有液態的綜合酵素產品上市，不僅

使用方便，也十分符合食補、食療的精神，若僅食用單一酵素並無法提供分解各類食物所需酵素。

所以若想要得到綜合酵素產品，生產原料應是多元性才能含括各類酵素，以下是市售產品所用原料一例：

蔬果為主、漢方草本為輔。

漢方草本：山藥、蘆薈、蓮子、當歸、何首烏、土人蔘、落葵、甘草、枸杞、艾草、蒲公英、咸豐草、六神草、五行草、明日葉、薑、小麥草、虎杖草、百合、七葉膽、藤三七、魚腥草、過手香、刺五加、西洋蔘、白刺莧、角菜、甜珠草、酢漿草、葛根、金線蓮、白鶴靈芝草、桂枝、牧草、黃耆、下田菊、龍葵、曼寧麻、蒼耳、五葉松等。

水果類：蘋果、梨子、荔枝、柳橙、香蕉、鳳梨、木瓜、芭樂、檸檬、梅子、李子、葡萄柚、水蜜桃、龍眼、芒果、枇杷、葡萄、百香果、柚子、甜柿、桃子、酪梨、火龍果、奇異果、西瓜、香瓜、哈密瓜等。

葉菜類：菠菜、甘藍菜、芥菜、芥藍菜、小白菜、包心菜、油菜、紅鳳葉、甘薯葉、劍葉萵苣、莧菜。

根菜類：胡蘿蔔、白蘿蔔、牛蒡、甘薯、馬鈴薯、豆薯。

莖菜類：綠蘆筍、白蘆筍、茭白筍、芹菜、空心菜、西洋芹。

花菜類：花椰菜、青花菜。

果菜類：甜椒、青椒。

芽菜類：豌豆芽、綠豆芽、黃豆芽、甘藍芽、蘿蔔嬰。

瓜類：絲瓜、冬瓜、胡瓜、南瓜、苦瓜。

豆類：黃帝豆、四季豆。

菇類：香菇、草菇、洋菇、金針菇、木耳、銀耳。

藻類：海苔、海帶、紫菜。

Q：為什麼要自製酵素呢？

A：事實上與隨養生潮而流行的自製優格、乳酸菌飲品的道理一樣，可能是市售產品太甜或口味不對等不符自己需求，也可能是自己做比較安心，或者是想省錢並將產品分享朋友，且可在自製過程中得到樂趣等，但筆者仍要提醒大家，自行DIY若是受到雜菌污染，發生異常發酵現象如味道發臭、發酸時，產品就不可食用，以免危害人體健康。

Q：如何選購市售酵素產品？

A：一般市售酵素選擇法則如下：

1. 取得國家單位衛生署通過核可。

2. 由合法專業酵素工廠生產。

3. 具高度活性，在加工製程階段不超過攝氏40度的環境下完成。

4. 活性穩定，以生化科技進行保護，不易受外界環境影響。

5. 在人體胃液酸性環境下，保持較長時間之活性。

6. 可同時與其他天然抗氧化之活性物質結合，並受到保護及提高功效。

7. 貯藏期間活性之保存較佳。

優質的酵素來自原料素材的多樣性、均衡性，以及發酵技術的嚴整性、有效性。特別注重一貫作業中之各個環節，其過程雖綿密繁複，但也缺一不可。然而，有些品牌的酵素，雖美其名為「酵素」，實乃數種物質之混合液。有醋製品添加甜味劑、香料者；有水果汁液與酸劑、中藥之混合者；亦有水果醋與膠狀物之黏稠性結合體者。

若是無法從原料中萃取酵素，或是不曾經發酵過程中獲得微生物酵素，則這些「混合液」往往只不過是醋或果汁之衍生物罷了！

具體而言選擇優質酵素的應有條件：

1. 優良發酵技術，成熟穩定為先決條件。

2. 原料種類要多，且為無農藥、零污染的蔬果植

物，再加上溫和性的漢方本草效果會更好。

3. 原物料還需考量其搭配特質。

4. 完善的封存方式。

5. 製造過程保留原物料原有富含的均衡完整營養素及純植物綜合酵素的高活性。

6. 其中富有高含量天然發酵釀造的SOD（超氧化物歧化酶）、抗氧化的酵素。

7. 完全天然植物萃取的純良質酵素，而非添加或合成的酵素製品。

從外觀上太過於明顯混濁且顏色深暗者、太過於黏稠者，皆不是優質的酵素。而酵素的口感好壞如何判斷？

1. 有嗆鼻味者、有明顯醋酸味道者。

2. 有酒氣味道者。

3. 有調味料口感者。

以上皆不是好的酵素。

Q：市售酵素為什麼有錠劑、粉末、液體之別？

A：粉狀或錠狀酵素的製造都必須由液狀酵素製造，前者保存較久，攜帶方便，但經乾燥程序，成本較高，也容易破壞酵素活性。

一般人購買酵素時無法判斷產品好壞，因此市面上就

有果汁當酵素賣的不實廣告，所以在選購酵素前，多詢問已經使用過的親朋好友意見或聽聽專家怎麼說。

Q：酵素、酵母菌、發酵的區別。

A：酵素（Enzyme）是由原生質所形成、類似蛋白的有機膠狀物質。它的功能千變萬化，可分為消化、分解、抗菌、消炎、還原、轉移、凝血、解糖、防禦、再生等，使生物能在大自然中延續生命。

酵母（Yeast）是能把糖分分解為酒精以及二氧化碳的一種微生物，也是一個完整的生物體，內有各種胞器（細胞中小器官），同時也具有催化的功能，但是酵母菌的催化作用還是要靠酵素來完成。目前在食品工業中多用來釀酒、製造麵包，也可當作保健食品，因酵母菌體內含多量維生素、生長因子等。

發酵（Fermentation）原是由拉丁文變來，是指沸騰起泡的意思。發酵是一種製造工程（方法），藉由發酵可生產抗生素、味精等產品。

Q：常見醫藥用酵素生物製劑有哪些？作用為何？

A：常見醫藥用酵素生物製劑如下：

1.Alpha-Chymotrypsin Delta-Chymotrypsin（胰凝乳蛋白酶）

成分：每錠含5,000、8,500、10,000、40,000單位。

用途：急、慢性炎症、慢性支氣管炎、血栓性靜脈炎、關節炎、血腫褥瘡、捻挫炎症、手術後及外傷腫脹之緩解。

2.Bromelain（鳳梨酵素）

成分：每錠含10,000、12,000、25,000、50,000單位。

用途：手術後及外傷後腫脹之緩解，副鼻腔炎，乳房鬱積（乳房發炎或乳汁過量積在乳房，造成疼痛），呼吸器疾患伴隨咳痰咳出困難，氣管內麻醉後之咳痰咳出困難，痔核。

3.Catatase（觸酶）

成分：注射劑每小瓶（2毫升）含25,000單位。

用途：關節炎。

4.Hyaluronidase（玻尿酸酶）

成分：注射劑每Amp含200單位。

作用機轉：水解玻尿酸，促進擴散因而吸收滲出物、炎性滲出物和注射的液體。

用途：增加擴散和吸收其他注射藥物；皮下灌注法，

皮下的尿路 X 光照像輔助劑，改善吸收不透射線物質。

5.Lysozyme Chloride（氯化溶菌酶）

成分：每錠含10、30、90、125毫克。

作用：抗炎症作用，出血抑制作用，咳痰咳出，膿黏液分泌作用。

用途：慢性副鼻腔炎，伴隨呼吸疾患之咳痰咳出困難，小手術時之術中術後出血。

6.Protease（蛋白酶）

成分：每膠囊含15,000單位。

用途：副鼻竇炎及副鼻竇炎手術後之治療。

7.Varidase（鏈激酶）

成分：每錠含Streptokinase 10,000單位、Streptodornase 2,500單位。肌注劑每毫升含Streptokinase 10,000單位、Streptodornase 2,500單位。外用注入劑每Vial含Streptokinase 100,000單位、Streptodornase 25,000單位。

用途：

- **口服、肌注**：膿腫，血腫，各種外傷，骨折，拔牙及外科手術後之腫脹。
- **外用注入劑**：適用於潰瘍、創傷、化膿、燙傷及燒傷之清洗排除，並可局部注入，用於血胸、膿胸、關節化膿之清洗排除或膀胱內凝血之溶解及呼吸道化痰，幫助痰之咳出。

國家圖書館出版品預行編目資料

酵素決定你的健康 / 江晃榮著. -- 第一版. --
　　臺北市 ： 文經社, 2009. 05
　　　面；公分. --（家庭文庫：C173）

ISBN 978-957-663-566-3(平裝)
1. 酵素 2. 食療
399.74　　　　　　　　　　　　98005345

 文經社

文經家庭文庫 C173

酵素決定你的健康

著　作　人 ── 江晃榮
發　行　人 ── 趙元美
社　　　長 ── 吳榮斌
企　劃編輯 ── 羅煥耿
美　術設計 ── 游萬國
出　版　者 ── 文經出版社有限公司
登　記　證 ── 新聞局局版台業字第2424號
＜總社・編輯部＞：
社　　　址 ── 104-85 台北市建國北路二段66號11樓之一（文經大樓）
電　　　話 ──（02）2517-6688（代表號）
傳　　　真 ──（02）2515-3368
E-mail ── cosmax.pub@msa.hinet.net
＜業務部＞：
地　　　址 ── 241-58 新北市三重區光復路一段61巷27號11樓A（鴻運大樓）
電　　　話 ──（02）2278-3158・2278-2563
傳　　　真 ──（02）2278-3168
E-mail ── cosmax27@ms76.hinet.net
郵撥帳號 ── 05088806文經出版社有限公司
新加坡總代理 ── Novum Organum Publishing House Pte Ltd.　　　TEL:65-6462-6141
馬來西亞總代理 ── Novum Organum Publishing House (M) Sdn. Bhd.　TEL:603-9179-6333
印　刷　所 ── 普林特斯資訊股份有限公司
法律顧問 ── 鄭玉燦律師（02）2915-5229
發　行　日 ── 2009年 5 月　第 一 版　第 1 刷
　　　　　　　2015年 9 月　　　　　　　第 14 刷

定價／新台幣 220 元　　　　　　　Printed in Taiwan

文經社網址http://**www.cosmax.com.tw/**
www.facebook.com/cosmax.co 或「博客來網路書店」查尋文經社。